城市声环境防控

许　迪　李丽珍　殷镠文　等编著

化学工业出版社
·北京·

内容简介

本书以昆明市为例阐述城市噪声防控理论及方法。本书共分 4 章，第 1 章阐述噪声的成因、噪声对健康的影响以及国内外对噪声的研究现状与进展；第 2 章以昆明市为例，介绍了声环境管理工作的开展情况，解析居民对声环境投诉案例；第 3 章以城市总体规划为指导，按照城市总体功能定位，结合区域建设规划和用地现状、声环境质量的现状，介绍科学合理地用 GIS 技术划定声环境功能区，开展城市声环境防控研究工作，构建城市声环境防控体系，研究城市声环境污染防治对策，以改善区域声环境质量为目标，探索开发声环境智慧平台，为研究噪声污染防治新技术指明方向；第 4 章围绕“宁静行动”，以保障居民享有良好的声环境为主线，介绍为人民群众舒适安静的生活和工作环境提供保障、提高广大市民的身体健康的方法，也为提升城市整个社会生活环境、创建优良声环境功能示范区建言献策。

本书可供噪声防控研究人员阅读，也可作为污染源监控监督管理、生态环境保护、环境执法等相关从业人员的参考书，还可供高等院校相关专业师生参考阅读。

图书在版编目（CIP）数据

城市声环境防控 / 许迪等编著. — 北京 ：化学工业出版社，2025. 6. — ISBN 978-7-122-47910-5

Ⅰ. TB533

中国国家版本馆 CIP 数据核字第 2025LE1357 号

责任编辑：高　震　　文字编辑：段曰超　师明远
责任校对：王鹏飞　　装帧设计：张　辉

出版发行：化学工业出版社
（北京市东城区青年湖南街 13 号　邮政编码 100011）
印　　装：北京天宇星印刷厂
710mm×1000mm　1/16　印张 10¼　字数 182 千字
2026 年 1 月北京第 1 版第 1 次印刷

购书咨询：010-64518888　　售后服务：010-64518899
网　　址：http://www.cip.com.cn
凡购买本书，如有缺损质量问题，本社销售中心负责调换。

定　　价：**88.00 元**

《城市声环境防控》

编委会

主　任：许　迪（昆明市生态环境科学研究院）

李丽珍（昆明市生态环境科学研究院）

副主任：殷镠文（昆明市生态环境监控中心）

许海生（云南智德环保科技有限公司）

赵桂英（云南省生态环境科学研究院）

委　员：许　迪（昆明市生态环境科学研究院）

李丽珍（昆明市生态环境科学研究院）

殷镠文（昆明市生态环境监控中心）

许海生（云南智德环保科技有限公司）

赵桂英（云南省生态环境科学研究院）

支国强（昆明市生态环境科学研究院）

张　冰（昆明市生态环境监控中心）

何　佳（昆明市生态环境科学研究院）

刘　韬（昆明市生态环境科学研究院）

付潇华（昆明市生态环境科学研究院）

吴艳林（昆明市生态环境科学研究院）

杨　明（昆明市生态环境科学研究院）

李泠潞（昆明市生态环境监控中心）

赵玺景（昆明市生态环境科学研究院）

刘　睿（昆明市生态环境局）
陈苏伟（昆明市生态环境工程评估中心）
耿　超（昆明市生态环境工程评估中心）
杜雅洁（昆明市生态环境科学研究院）
毕晓伊（云南大学生态与环境学院）
董文怡（昆明市生态环境工程评估中心）
赵香芬（云南智德环保科技有限公司）
何云同（云南智德环保科技有限公司）
梁保权（云南智德环保科技有限公司）

前言

自1996年我国颁布《中华人民共和国环境噪声污染防治法》以来，噪声污染防治工作取得了长足进展，通过各项工程、技术、政策等手段，使噪声污染得到有效防控。2007年7月1日，昆明市出台并施行《昆明市环境噪声污染防治管理办法》（昆明市政府第72号令），对昆明城市环境噪声污染防治工作起到了重要指导作用。随着城市的不断建设与发展，人口增长迅速，产业发展多元，噪声源构成复杂，城市噪声污染问题日益突出；而公众环保意识不断增强，人民对于幸福感的追求不断提升，公众投诉事件不断攀升。

2018年3月，按照《云南省环境保护厅关于开展〈云南省声环境功能区划分（2019—2029）〉编制工作的通知》，昆明市各县市区开展了声环境功能区划分工作，该项工作充分应用地理信息系统（GIS）技术，开展了大量环境监测工作，同时实现了声功能区划成果的矢量化，也为昆明市声环境管理数字平台的建设奠定了基础。

新修订的《中华人民共和国噪声污染防治法》（以下简称《噪声法》）于2021年12月24日通过，于2022年6月5日实施。各地深入贯彻落实新修订的《噪声法》，坚持统筹规划、源头防控、分类管理、社会共治、损害担责的原则，大力开展噪声污染防治工作。生态环境部等16个部门和单位于2023年1月联合印发《“十四五”噪声污染防治行动计划》（以下简称《行动计划》），明确提出到2025年，全国声环境功能区夜间达标率达到85%的目标；其中也明确提出推进社会生活噪声污染防治，重点针对社区和邻里噪声完善管理举措，共同维护社会和谐，为居民提供舒适的宜居环境。

现阶段开展城市声环境防控研究工作，有较完善的噪声监测基础数据支撑，也是实现污染物综合防控管理的必然需求。本书以城市总体规划为指导，改善区域声环境质量为目标，保障居民享有良好的声环境为主线，结合区域建设规划和用地现状，根据规划用地的性质、现有状况、声环境质量的现状、现行声环境功能区，科学合理地用GIS技术划定声环境功能区，研究适合城市噪声污染防治的对策，在声源监督管理等方面，为有效控制噪声污染，实现声环境质量改善，提供防治措施和监管建议。

历经十余年素材积累，五年构思，三年打磨，在昆明市生态环境科学研究院、昆明市生态环境监控中心、云南省生态环境科学研究院各级领导的关心、大力支持和团队的共同努力下，将研究成果以著作的形式呈现给大家。感谢研究团队的全体成员对于案例的梳理和研究，以及文本校核等方面付出的辛勤劳动。感谢在城市声环境防控体系研究、声环境功能区划、噪声污染投诉办理、声环境监测调查等各个领域给予支持的市生态环境局各县（市）区分局、市生态环境保护综合行政执法支队、省生态环境厅驻昆明市生态环境监测站、市生态环境局大气环境处、市生态环境保护督察办公室等的部门领导和相关工作人员。

本书由许迪、李丽珍、殷镠文、许海生、赵桂英共同编著。这本著作既是总结，也是启示，希望在生态环境保护同仁的共同努力下，不断开创城市声环境污染防治工作新局面。

由于编著者水平有限，书中若有疏漏之处，还请读者批评指正。

编著者

2025年2月

目录

第1章 绪论

第2章 城市声环境防控管理

第4章 宁静行动

第1章 绪论

1.1 认识噪声

噪声是指不恰当或者不舒服的听觉刺激。噪声由许多频率、强度和相位不同的声音无规律性地组合在一起形成，其特点为非周期性的振动，它的音波波形不规则，听起来感到刺耳。一般来说，凡是妨碍人们学习、工作和休息并使人产生不舒适感觉的声音，都叫噪声，如流水声、敲打声、沙沙声、机器轰鸣声等。它的测量单位是分贝(dB)。随着工业生产、交通运输、城市建筑的发展，以及人口密度的增加、家庭设施（电视机等）的增多，环境噪声日益严重，它已成为污染人类社会环境的一大公害。

噪声污染，作为一种常见而又普遍的环境问题，对人类的生活质量和健康状况产生了深远的影响。随着城市化进程的加速和工业化的深入发展，城市噪声污染问题日益突出，成为影响居民正常生活、工作和学习的重要因素。此外，噪声污染还可能引发一系列的健康问题，包括听力损失、心理压力增加、睡眠障碍等，严重时甚至会影响儿童的成长发育。

在全球化和信息化的今天，噪声污染的治理不仅是一个城市管理的难题，而且是关乎公民权利的社会问题。因此，对噪声污染的研究具有重要的理论价值和实践意义。通过对噪声污染的成因、影响和治理技术的研究，可以为政府制定相关政策提供科学依据，为企业和社区采取有效措施提供技术支持，从而改善居民的生活环境，提高生活质量，促进社会的和谐稳定。

同时，随着人们环保意识的提高和国家可持续发展战略的实施，噪声污染的研究也将推动相关产业的发展，如声学设备的研发、噪声控制技术的应用等，这些都为社会经济的可持续发展提供了新的动力和发展机遇。

1.2 噪声的成因分析

1.2.1 工业噪声污染

工业噪声污染作为城市环境噪声的重要组成部分，其产生源头主要是各类工业生产活动，包括但不限于制造业、建筑业以及相关的加工业等。随着工业化进程的加速，工业噪声污染问题日益凸显，对人类健康、心理舒适度以及城市环境都产生了不容忽视的负面影响。

工业噪声污染的影响范围广泛。从工厂内部的操作场所到周边的居民区，甚至更大范围的城市空间都可能成为噪声传播的直接受体。特别是在一些老旧工业区，由于规划布局不合理，加之环保意识的缺失，工业噪声污染问题尤为突出。工业噪声不仅影响所有被波及者的身心健康，更易使长期处于噪声环境中的工人出现听力下降、职业性听力损失等职业病，而且对周边居民的生活质量也构成了严重影响。

工业噪声污染的特点是持续时间长，强度高。许多工业生产过程具有“24小时”的连续性，这意味着噪声污染的高峰期往往与人们的休息时间相重合，从而加剧了对居民正常生活的干扰。此外，由于工业噪声污染具有潜在的长期性和累积性特点，其环境效应可能会在很长一段时间后才逐渐显现，这就要求相关部门和企业要有预见性地落实噪声污染控制和防护措施的实施。

控制工业噪声污染，应从源头上减少噪声的产生。企业可通过技术更新换代，淘汰高噪声、高耗能的老旧设备，采用低噪声的新技术和新设备来降低生产过程中的噪声排放。城市规划中应充分考虑到工业区与居住区的合理布局，尽可能地增加两者之间的空间距离，以降低噪声对居民的影响。在城市绿化方面，可以通过种植绿色植物来吸收和反射声波，从而降低环境噪声。例如，在工业区周边规划足够的绿化带，既可以美化环境，又能起到降噪作用。

工业噪声是城市环境噪声的重要来源之一，其控制涉及多个环节和多种措施。通过政府、企业和社会各界的共同努力，可以有效地控制和减少工业噪声污染，从而改善城市环境质量，提高居民的生活质量，促进可持续发展。

1.2.2　交通噪声污染

随着城市化进程的加速发展，交通噪声污染已成为影响城市居民生活质量的重要因素之一。交通噪声主要来源于机动车辆的行驶，包括汽车、火车等交通工具，这些噪声具有流动性且强度较大的特点，对人们的日常生活造成了严重影响。特别是在一、二线城市，由于机动车辆的广泛使用，交通噪声污染的问题尤为突出。

交通噪声污染的影响是多方面的。对于驾驶员而言，噪声污染可能会影响其情绪和判断力，从而增加交通事故的风险。对于居民而言，持续的噪声污染会导致生活质量的下降，长期处于这种环境中还可能引起听力下降、心理压力增加等健康问题。此外，交通噪声污染还会对城市的生态环境造成负面影响，如影响鸟类的迁徙、干扰其他对噪声敏感的生物等。

对于交通噪声污染，国内外学者和政府相关部门已经开展了大量的研究工作，并制定相关管理措施。其中，城市道路的规划与建设是减少交通噪声污染的重要措施之一。例如，城市地下交通建设的推进有助于减少地面交通噪声。制定交通管理措施也是控制交通噪声的重要方面。例如，限制高噪声车辆的使用，特别是在噪声敏感区域如学校和医院附近，通过限制汽车鸣笛和降低车速来减少噪声污染。同时，加强对机动车辆的噪声检测，定期进行抽检，以确保车辆符合噪声排放标准。此外，提高公众对交通噪声污染的认识也是治理的重要组成部分。通过教育和宣传，提高公众对噪声污染的认识，鼓励大家采取绿色出行方式，如乘坐公共交通工具，从而减少交通噪声。

交通噪声污染是城市噪声污染中的一个重要方面，其治理需要综合运用规划建设、交通管理和公众教育等多种措施，以实现噪声污染的有效控制和城市环境质量的持续改善。随着技术的进步和管理经验的积累，未来城市交通噪声污染的治理将更加科学、高效。

1.2.3 建筑施工噪声污染

在城市化进程加速的今天，建设施工噪声污染问题日益凸显，已成为影响城市环境质量的重要因素之一。建设施工噪声主要来源于施工过程中的各种机械设备的运转声、电动工具作业声以及施工现场的手工操作声。

建设施工噪声污染的特点主要表现在以下几个方面：①噪声源种类繁多，包括打桩机、推土机、挖掘机、装载机、混凝土搅拌机、混凝土输送泵、空气压缩机、吊车、升降机等，以及电动工具如木工电锯、电刨、射钉枪、切割机、混凝土振捣棒、混凝土振捣器等；②噪声污染具有较强的时空特征，尤其是夜间施工，强烈的噪声污染影响了附近居民的工作、生活和休息，危害人体健康；③建设施工噪声污染具有较强的冲击性，使用的先进设备和技术使得噪声来源多样，不同设备的配合可能导致噪声分贝数特别高；④建筑施工噪声污染的控制难度较大，受施工场地有限、露天作业、敞开性等因素影响，有效的工程降噪手段难以实施。

为了解决建设施工噪声污染问题，可通过以下几个阶段进行干预：

① 施工前的准备阶段。建筑施工单位应进行严格的资格审查，确保选用的机械设备和施工方法能够最大限度地降低噪声污染。同时，应合理规划施工时间，尽量避免在夜间和休息日进行噪声污染较大的施工活动。如有特殊情况需要在夜间施工，应办理相关手续，并提前通知附近居民。

② 施工过程中的管理。加强施工现场的管理，对施工机械设备进行定期的维护保养，减少因设备故障导致的额外噪声。对于产生噪声的操作，应制定相应的操作规程，并对操作人员进行培训，以减少不必要的噪声污染。

③ 施工后的恢复阶段。施工完成后，应及时清理施工现场，减少施工废弃物造成的二次噪声污染。同时，应对施工使用的设备和工具进行清洁和保养，为下一次施工做准备。

通过上述措施的实施，可以有效地控制和减少建设施工噪声污染，保护城市声环境质量。

1.2.4 社会生活噪声污染

随着居民生活品质的提高，生活噪声污染问题日益凸显，已成为影响居民生活质量的重要因素之一。生活噪声污染主要来源于居民日常生活中的各种活动，包括但不限于装修活动、家庭娱乐、家用电器的使用、商场活动、社区活动等。这些噪声来源广泛，且分布于城市的各个角落，给人们带来了持续的干扰和困扰。

城市中的文化娱乐活动，如音乐会、演唱会等，虽然为市民提供了丰富的精神文化生活，但在一些情况下也可能产生较大的噪声，如家庭影院、音乐会、体育赛事、网络游戏、商业促销等，这些活动在提供娱乐享受的同时，也不可避免地影响了其他家庭成员的作息。此外，家用电器的使用，如电视、冰箱、空调等，尤其是在夜间使用时，会产生较大且持续的噪声，影响居民的正常休息。

针对生活噪声污染，需要综合运用多种措施进行治理。对于文化娱乐活动产生的噪声，可以通过设置合理的活动区域、控制音量以及使用吸声和隔声材料等措施来控制声级，以减少对周围环境的影响。城市应合理规划噪声敏感区域与非噪声敏感区域，通过建设隔声设施、提高建筑物的隔声性能来降低生活噪声对居民的影响。对于家庭生活产生的噪声，应通过提高电气设备的能效和减少不必要的使用来降低噪声。对于电气设备的噪声，可以通过更换低噪声产品、合理安排使用时间等方式进行控制。

城市管理部门应加强对噪声污染的监管，制定相应的噪声控制标准和管理办法，并对违反规定的单位和个人进行处罚。通过这种行政管理手段，可以有效地减少噪声污染。社区管理部门协助监管，并组织开展噪声污染防治的宣传教育活动，提高居民对噪声污染的认识，让公众了解噪声污染对人体健康的影响，从而引导市民采取减少噪声污染的行为，鼓励大家共同参与噪声污染的治理。

生活噪声污染的治理是一个系统工程，需要政府、企业和公众的共同参与和努力，通过合理规划、科技进步、完善法律法规以及提高公众环保意识，共同构建一个和谐、安静、舒适的城市生活环境。

1.3 噪声对健康的影响

噪声是除废气、废水、固体废物以外的第四大环境污染源，噪声具有看不到、摸不着，且不同人群感知情况不一等特点。长期接触噪声对听觉系统造成的危害更为显著，噪声性听力损失是最主要的职业危害之一。《中华人民共和国噪声污染防治法》所称噪声污染，是指超过噪声排放标准或者未依法采取防控措施产生噪声，并干扰他人正常生活、工作和学习的现象。噪声的危害逐渐引起了医学、环境学、社会学各界学者的关注，并成为研究的焦点之一。

据有关研究表明，噪声主要对人体听力、视力、神经系统等造成影响。在高噪声环境中，人们往往易产生激动、头晕头痛、睡眠失调、记忆力减退等问题。噪声对健康及生活的影响主要体现在以下几个方面：

① 听力损害。长期暴露在高分贝的工业噪声环境中，人的听觉系统会受到损害，导致听力下降，严重时可能发展为永久性听力损失。根据世界卫生组织（WHO）的数据，噪声污染是导致听力损失的重要因素之一。调查中发现，冶金工人、磨坊工人、炼钢工人、机场作业人员、化工企业工人等在长期接触噪声的过程中都出现了不同程度的听力受损情况，同时发现接触噪声工龄越长，引起人耳听力损伤越严重，危害性越大。

② 心血管疾病。研究表明，长期接触噪声不仅影响听力，还可能增加患心血管疾病的风险。噪声可通过引起压力反应和生理反应，如增加血压和心率，进而影响心血管系统的健康。

③ 生活质量下降。噪声污染会影响人的正常生活和工作，造成生活质量的下降。噪声通过听觉器官可作用于大脑皮层和神经中枢，影响人的正常心理和生理功能，导致神经行为功能改变。噪声对人的神经系统健康有一定的影响，主要表现在行为功能、心理状态、神经衰弱和抑郁症等方面。持续性噪声能引起人的大脑皮层功能紊乱，导致抑制和兴奋平衡失调，出现头痛、头昏、烦躁、失眠、健忘、耳鸣、心悸等神经衰弱症。例如，噪声污染会干扰人的休息和睡眠，导致工作效率降低，甚至影响心理健康，引发压力、焦虑等情绪问题。丹麦学者研究表明，在 35～45 岁年龄组的女性中，长期暴露于道路交通噪声情况中，不孕风险升高。噪声污染可能影响儿童的听力发展和学习能力，对其未来的学习和工作都可能产生不利影响。

④ 社会经济成本。噪声污染还可能增加医疗费用和损失生产力，导致社会经济成本上升。例如，听力损失的个体可能需要进行听力辅助设备的配置，或者在工作中需要额外的时间和金钱进行听力康复。

⑤ 驾驶员出行。噪声污染可能导致驾驶员的听力下降，影响其对交通环境的感知能力，从而增加交通事故的风险。

城市噪声污染作为现代城市化进程中的一个重要环境问题，不仅影响城市居民的生活质量，而且在城市交通安全、居民健康以及城市形象等方面的影响也不容忽视。此外，噪声污染还可能干扰无线通信信号，对城市应急管理和通信系统的高效运行造成干扰等。

1.4 国内研究现状与进展

国内关于城市噪声污染的研究起步相对较晚，但随着工业化和城市化的快速发展，相关研究逐渐受到重视。早期的研究主要集中在工业噪声，主要是对噪声进行消声、吸声和隔声等方面的研究。随着科技的发展，开始采用城市范围内的噪声监测，结合网格布点和定点的方法，对噪声进行系统的监测和分析。

噪声具有随机性和时空性，在监测方法方面，监测采样存在局限性，这使得通过确定的方法对城市噪声进行降噪处理变得复杂。对城市噪声监测系统的研究也取得了一定进展，如移动式检测站能够较精确地监测特定地点的噪声情况，但该技术的应用范围有限。研究者对其进行了大量的探索和优化，例如，结合数理统计中的抽样论对噪声检测布点进行优化，在减少测点的同时保证数据的代表性和准确性。利用多元统计主成分分析法，结合系统分析和模糊批判优化选择噪声检测点，提高了研究的效率和精度。

针对噪声污染问题，学者们从多个角度提出了多种治理措施。如通过分析高架桥、建筑物对噪声的反射影响，提出了降低城市道路交通噪声的方法。从项目审批、市政规划及管理角度出发，探讨了降噪的方法。从噪声屏障的设计、理论预测、应用等角度分析，并对其产业化发展前景进行了展望。

国内的城市噪声研究正逐步深入，不仅关注噪声的产生和传播，还关注治理措施的提出，在降低计算复杂性、扩大技术应用范围等方面继续取得进展，以更好地服务于城市噪声污染的控制和管理。

1.5 国际研究现状与进展

国际上对城市噪声的研究始于 20 世纪，随着工业化和城市化的快速发展，噪声污染问题逐渐显现。早期的研究主要侧重于噪声的监测，研究者使用各种仪器和设备对噪声进行定量的监测，以评估噪声污染的程度和范围。

随着技术的进步，无线传感器网络（WSN）的应用为城市噪声监测提供了新的技术手段。学者提出了基于 WSN 的城市噪声监测系统，该系统利用分布式传感器网络进行监测，具有部署灵活、操作方便的优点。然而，这种方法在交通及人口密集型大城市中，因需要大量的测量点，所以成本较高。

在移动终端噪声监测设备的应用方面，研究人员开发了 Noise-Tube 和 Earphone 等应用软件以分析城市噪声。虽然对用户友好，但因为城市噪声是混合多种声源，构成较为复杂，这些应用软件局限于提供有限的数据。相对而言，GIS 技术的应用为城市噪声管理提供了新的视角。GIS 的强大空间数据处理能力和可视化功能，使得研究者能够更有效地分析城市噪声，同时也有助于深入挖掘数据中的潜在信息。

国际上的城市噪声研究正从单一的监测向综合的分析和管理方向发展，但仍面临数据获取成本、模型适用性、技术应用范围等挑战。

第2章 城市声环境防控管理

随着污染防治攻坚战的深入推进，我国在大气、地表水、生态保护与修复等领域取得了显著成就，噪声污染源防治工作也取得了积极进展。然而，近年来噪声投诉的比例依然居高不下。因此，适应新形势、采用现代环境治理手段，不断加强噪声防治，努力提升居民的生活获得感、幸福感和安全感，已成为当前生态文明建设和生态环境保护的重要任务之一。

昆明市在声环境功能区划、噪声地图制作与运用、声环境智能分析与管理、宁静小区建设、建筑施工噪声管理等方面均取得显著成效，并被生态环境部列为全国第二批噪声污染防治试点地区。本书以昆明为例，详细阐述城市声环境的防控的方法。

2.1 国家声环境管理

为贯彻落实习近平生态文明思想和习近平法治思想，解决社会和广大人民群众普遍关心的噪声污染问题，2021 年 12 月 24 日，十三届全国人大常委会第三十二次会议审议通过《中华人民共和国噪声污染防治法》，自2022年6月5日起施行。新修订的《噪声污染防治法》着眼解决损害群众健康的突出环境问题，健全完善噪声污染防治法律制度体系，是近年来生态环境保护立法的又一项重大成果，是一部真正解决噪声扰民、噪声污染问题的好法律。

2023年1月5日生态环境部、中央文明办、发展改革委、教育部等16部门联合印发《“十四五”噪声污染防治行动计划》，确立了“十四五”期间的主要目标为通过实施噪声污染防治行动，基本掌握重点噪声源污染状况，不断完善噪声污染防治管理体系，有效落实治污责任，稳步提高治理水平，持续改善声环境质量，逐步形成宁静和谐的文明意识和社会氛围，到2025年，全国声环境功能区夜间达标率达到85%。并提出科学划定声功能区、细化环境噪声管理措施、统筹噪声源管控、加强重点企业监管、聚集建筑施工噪声管理重点、加大交通噪声污染防治、推进社会生活噪声污染防治、完善邻里噪声管理、完善法规标准体系、系统推进噪声监测等重点任务。各地在上述基础上，结合实际制定噪声污染防治行动计划实施方案，有效推动声环境管理工作迈上新的台阶。

2.2　自然环境概况

2.2.1　地理位置

昆明市是中国云南省省会，位于中国西南边陲，云南中部湖盆群中心地带。昆明具有面向“三亚”（南亚、东南亚、西亚）、紧靠“两湾”（北部湾、孟加拉湾）、肩挑“两洋”（太平洋、印度洋）、通江达海沿边（磨憨）的独特区位优势，是“一带一路”和长江经济带的交会地，是孟中印缅走廊和中国-中南半岛经济走廊的融合点，是泛珠三角区域合作和国际陆海贸易新通道的成员之一，是全国唯一拥有“边境线”和“边境口岸”的省会城市。2022年5月由昆明市于2022年5月托管的磨憨镇位于云南省最南端，在西双版纳的东南部，东南面与老挝接壤，国境线长 174km，西面与勐满镇相连，北与勐腊乡毗邻，镇域面积 752.6km^2，森林覆盖率 91.31%。辖区内有 3 条公路直通老挝，磨憨镇口岸与老挝磨丁口岸接壤，是我国通向老挝唯一的国家级口岸和通往东南亚最便捷的陆路通道。

2.2.2 气候条件

昆明地处北回归线北部，北靠青藏高原，南邻印度洋，平均海拔 1890m，属于低纬高原季风气候。由于接近北回归线，太阳辐射角度较大且变化幅度小，形成日温差大，年温差小，四季不分明的气候特点，具有“四时之气，常如初春，寒止于凉，暑止于温”的气候特征，素以“春城”而享誉中外。境内属于多丘陵山谷，地形地貌复杂，海拔高低悬殊，气候的垂直差异显著，具有河谷地区炎热，坝区暖，山区凉，高山寒的特点。受大气环流及地形等影响，昆明气候呈多样性，形成了昆明气候资源的多样性和有效性，为生物多样性、景观多样性以及生态多样性奠定了基础。

昆明年均日照 2200h 左右，无霜期 240d 以上，年平均气温 15.2℃，极端最高气温 32.8℃，城区温度在 0～29℃之间，年温差全国最小，气候特征全球少有。极端最低气温－7.8℃，年平均相对湿度 69%，平均气压为 810.6hPa，极端最高气压为 825.9hPa，极端最低气压为 798.8hPa，盛行风向为西南风（占比 16%）。

昆明市气候宜居禀赋突出，气候舒适时间长。昆明年适宜温度 219d，年适宜降水 171d，年适宜湿度 240d，年适宜风 330d。气候宜居禀赋 19 项三级指标中，优良指标达 16 项。从气候季节看，昆明春秋季总长 295d，气候舒适期占全年 80%。夏季平均气温日较差虽小，但夏季日平均气温仅为 20.4℃，冬季日平均气温达 10℃，成就了冬无严寒、夏无酷暑的中国春城（图 2-1）。

昆明是全国十大旅游热点城市，首批中国优秀旅游城市。全市有各级政府保护文物 200 多项，有石林世界地质公园、滇池、安宁温泉、九乡、阳宗海、轿子雪山等国家级和省级著名风景区，还有世界

图 2-1　昆明城市景观图

园艺博览园和云南民族村等 100 多处重点风景名胜，10 多条国家级旅游线路，形成以昆明为中心，辐射全省，连接东南亚，集旅游、观光、度假、娱乐为一体的旅游体系。

为贯彻落实《“健康中国 2030”规划纲要》、《国务院关于实施健康中国行动的意见》（国发［2019］13 号）和《健康中国行动（2019—2030 年）》，围绕建设国际大健康名城的目标，努力为人民群众提供全方位、全周期的卫生健康服务，提高全市人民健康水平，昆明市政府制定印发《健康昆明行动（2020—2030 年）》，持续开展爱国卫生“7 个专项行动”。2022 年 7 月云南省生态环境与健康素养监测入户调查工作正式开展，昆明市监测点位为西山区，围绕居民生态环境与健康的关系、环境污染危害、环境健康风险相关的基础理念、基本知识、基本行为和技能等方面展开调查，同时开展了大量的宣传，提高居民生态环境健康与健康素养。昆明市高度重视居民生态环境与健康管理，2023 年设立专项工作资金开展昆明市居民生态环境与健康素养调查，同时鼓励各个县区开展居民生态环境与健康素养调查及针对性科普宣传，提升居民环境健康素养水平。同年昆明市成功入选第二批建设国家儿童友好城市，为云南省首个入选城市。

2.3 生态环境概况

2.3.1 生态环境本底情况

“十八大”以来，昆明市深入贯彻习近平生态文明思想和习近平总书记考察云南重要讲话精神，以争当生态文明建设排头兵示范城市、美丽中国典范城市为目标，坚持“绿水青山就是金山银山”的发展理念，系统开展山水林田湖草沙生态保护修复工程；优化国土空间开发格局，努力打造蓝绿生态空间；坚决打好污染防治攻坚战，围绕“蓝天、碧水、净土”三大保卫战，打响“8个标志性战役”，持续开展了“绿盾2020”自然保护地强化监督工作；全市推进生物多样性保护工作，开展长江“十年禁渔”；昆明海关全面加强监管，严打濒危物种走私；开展11批次“绿剑”专项执法行动以高水平保护促进经济社会高质量发展，全市生态文明建设和生态环境保护取得显著成效。昆明市生态环境局安宁分局荣获“2022年生态环境保护执法大练兵市、县级表现突出集体”称号，实现云南“零”的突破；2022年度昆明市盘龙区、安宁市获得由中国气象局授予的“中国天然氧吧”称号；昆明市成功创建全国绿色出行城市。

昆明市坚持生态优先、绿色发展，经过全面保护和系统整治，山水林田湖草系统治理成效显著，生态环境质量明显改善，生态功能持续提升。全市生态环境状况指数（EI）为72.99，生物丰度指数为71.58，植被覆盖指数为84.77。森林面积为1660.37万亩，森林覆盖率达52.62%，林地面积保有量2009.46万亩，林草覆盖率达到64.96%。湿地面积为62403.27hm^2，其中自然湿地面积48249.31hm^2，人工湿地面积14153.96hm^2，湿地保护率69.5%，自然湿地保护率78.4%。2020～2022年，全市$PM_{2.5}$浓度值均小于30$\mu g/m^3$，全市及各县（市）区近三年$PM_{2.5}$浓度值整体呈下降趋势。2022年，昆明多次上榜生态环境部发布的全国重点城市空气质量前二十榜单，“昆明蓝”屡屡刷屏社交媒体，成为昆明的一张名片。数据显示，2022 年昆明市主城区空气质量优良率 100%；空气质量污染综合指数 2.65，首次降到 3.00 以下（综合指数越低，空气质量越好）。纳入国考（省考）的 25 个地表水断面水质全部达标，达标率从 2015 年的 80%提升至 100%，Ⅲ类及以上水质断面占比达到 80%。县级以上集中式饮用水水源地达到或优于地表水Ⅲ类标准，水质达标率 100%；滇池全湖水质持续改善，从劣Ⅴ类好转为Ⅳ类，实现了近 30 年来最好水质。阳宗海湖体水质从 2008 年的劣Ⅴ类恢复到Ⅲ类，生态环境综合治理成效突显，2016 年至今水质稳定达到Ⅲ类以上，2021 年入选云南省美丽河湖。昆明滇池码头景观见图 2-2。

图 2-2 昆明滇池码头景观图

2.3.2 声环境现状

根据《2022 年度昆明市生态环境状况公报》，2022 年，昆明市主城区 1 类区、2 类区、3 类区夜间及各类功能区昼间声环境质量均达标，4 类区夜间声环境质量不达标。2018～2022 年，主城区各类功能区声环境质量保持平稳。2022 年主城区昼间区域环境噪声平均值为 52.4dB，总体水平达二级（较好），较 2021 年下降 0.1dB。昆明城市交通景观见图 2-3。

图 2-3 昆明城市交通景观图

2.3.3 声源分析情况

昆明城市主要声源包括线声源、面声源、点声源。其中，线声源主要是各主次干道、过境路交通噪声、铁路及轨道噪声；面声源主要为机场噪声；点声源类别众多，主要包括工业噪声、建筑业噪声、商业噪声、社会生活噪声等。

2.3.3.1 线声源

昆明主城交通干线可初步归纳为“四环十七射”50 余条主干线，它们对于整个城市的连通起到重要作用，同时繁忙的交通也给城市带来环境的负面影响，降低了城市声环境质量。昆明市私家车拥有量不断增加，机动车保有量迅猛增大，交通压力急剧提高，造成道路拥堵情况不断发生，交通噪声污染状况加剧，致使交通声源比例居高不下。

昆明市声环境功能区划过程对昆明主要道路沿线的声环境监测情

况如表 2-1 所示，昆明市交通线两侧声环境水平不容乐观，而主干道沿线又分布有大量居民点、学校等敏感区域，因而声环境控制形势较为严峻。

表 2-1 昆明市主干道沿线噪声监测结果统计 单位：dB

道路名称	声环境监测结果		达标情况		监测点位置
	昼间	夜间	昼间	夜间	
G56 杭瑞高速	65.2	63.7	达标	超 8.7	云南展华公司绿化用地
G8511 昆磨高速	76.5	73.8	超 6.5	超 18.8	昆明市传化和裕公路港物流
东三环	77.1	69.5	超 7.1	超 14.5	昆明材料供应段西侧
彩云北路	69.4	54.5	达标	达标	世纪金源大饭店
广福路	74	59.6	超 4	超 4.6	蓝光水岸公园北侧
官南大道	68.5	52.2	达标	达标	云南康乐茶文化城
二环东路	69.2	57.4	达标	超 2.4	春辰大酒店
二环北路	74.1	—	超 4.1	—	雄达茶城
昆洛路	78	52.8	超 8	达标	小板桥加油站
机场高速	73.1	—	超 3.1	—	云南司法警官职业学院路段
昆曲高速	73.8	—	超 3.8	—	兔耳村附近
嵩昆大道	71.4	—	超 1.4	—	中对龙附近
安石路	72.1	—	超 2.1	—	七彩云南
昆玉高速	71	69.6	超 1	超 14.6	大渔片区
环湖东路	69.2	63.9	达标	超 8.9	大渔片区
东绕城路	76.1	—	超 6.1	—	云内动力南面
南绕城路	67.9	65.3	达标	超 10.3	海埂片区
北京路	67.1	—	达标	—	空军招待所
穿金路	71.4	—	超 1.4	—	十一中
东风东路	67.9	—	达标	—	省建工集团
人民东路	67.9	—	达标	—	延安医院
环城北路	67.4	—	达标	—	城市之光
海源中路	68.2	64.5	达标	超 9.5	经典双城 D 区后
滇池路北段	64.1	63.8	达标	超 8.8	海埂片区
红塔西路	66.9	57.8	达标	超 2.8	海埂片区
红塔东路	66.6	61.2	达标	超 6.2	海埂片区
沾昆铁路	75.9	—	超 5.9	—	黑波村附近

续表

道路名称	声环境监测结果		达标情况		监测点位置
	昼间	夜间	昼间	夜间	
沪昆高铁	70.3	—	超 0.3	—	新发村附近
昆河线	69.4	64.8	达标	超 9.8	铁路益民小区

注：上述数据来源于某年各区声环境功能区划期间监测统计结果。

2.3.3.2 面声源

面声源主要为长水机场及各大客运站、交通枢纽附近噪声，其中长水机场起降班次多，对空港片区声环境影响较为突出，目前尚无较为有效的噪声控制措施。主要面声源基本情况如表 2-2 所示。

表 2-2 主要面声源基本情况一览表

名称	基本情况	声环境水平/dB
昆明长水机场	长水机场共有两条跑道，东跑道长 4500m，西跑道长 4000m；机位数量（含组合机位）161 个；可保障旅客吞吐量 3800 万人次、货邮吞吐量 95 万吨、飞机起降 30.3 万架次的运行需要	56.2～75
昆明南站	昆明南站总建筑面积为 33.47 万平方米，站场规模为 16 台 30 线。该车站设计年发送旅客 4693 万人次，日均 12.8 万人次，最高聚集人数为 1.2 万人	48.8～56.5
昆明站	昆明站建有 6 座候车站台，共有 12 条股道。昆明站最高旅客聚集人数可达 1 万人左右	47.6～59.1
南部汽车站	总占地面积 76560m^2，总建筑面积约为 31500m^2。主要设施包括：汽车客运站站房、地下车库、洗车库、例保检查用房、车辆维修厂、露天停车场及其他附属用房等	49～55
北部客运站	北部客运站为昆明五大客运站之一，日车流量 1000～1200 辆	42.7～47
东部汽车客运站	东部汽车客运站占地面积 652632m^2，日旅客流量 1.6 万人，日发车次约 500 班	55.2～59.4
西部汽车客运站	西部汽车客运站净用地面积 26311.51m^2，总建筑面积 7969.82m^2，主要设施包括客运楼、候车厅、附属用房等	49.1～54
西北部汽车客运站	位于陈家营路与小屯路交叉处北侧	49.5～59.4

注：上述数据来源于某年各区声环境功能区划期间监测统计结果。

2.3.3.3　点声源

随着人们生活水平的不断提高，商业、餐饮业、娱乐业发展很快，导致生活声源居于声源构成首位，但近年来建筑类噪声投诉成为昆明市最主要的环境投诉类案件，各施工工地声环境源强如表 2-3 所示。

表 2-3　施工工地主要声源噪声值

设备名称	源强/dB(A)	噪声特点
推土机	65～80	机械噪声
风钻	90～95	机械噪声
空压机	75～95	空气动力型噪声
挖掘机	60～80	机械噪声
打桩机	65～75	机械噪声
电锯	75～95	机械噪声
电钻	75～95	机械噪声
运输车辆	70～85	运输车辆噪声

2.3.4　声环境质量标准

根据《中华人民共和国环境噪声污染防治法》，“昼间”是指 6：00～22：00 之间的时段；“夜间”是指 22：00～次日 6：00 之间的时段。县级以上人民政府为环境噪声污染防治的需要（如考虑时差、作息习惯差异等）而对昼间、夜间的划分另有规定的，应按其规定执行［《声环境质量标准》（GB 3096—2008)］。

工业企业厂界环境噪声不得超过表 2-4 规定的排放限值（GB 12348—2008）。

夜间频发噪声的最大声级超过限值的幅度不得高于 10dB（A）。夜间偶发噪声的最大声级超过限值的幅度不得高于 15dB（A）。工业企业若位于未划分声环境功能区的区域，当厂界外有噪声敏感建筑物时，由当地县级以上人民政府参照 GB 3096 和 GB/T 15190 的规定确定厂界外区域的声环境质量要求，并执行相应的厂界环境噪声排放限值。当厂界与噪声敏感建筑物距离小于 1m 时，厂界环境噪声应在噪声敏感建筑物的室内测量，并将表 2-4 中相应的限值减 10dB（A）作为评价依据。

表 2-4 工业企业厂界环境噪声排放限值单位：dB（A）

厂界外声环境功能区类别	时段	
	昼间	夜间
0	50	40
1	55	45
2	60	50
3	65	55
4	70	55

在社会生活噪声排放源位于噪声敏感建筑物内情况下，噪声通过建筑物结构传播至噪声敏感建筑物室内时，噪声敏感建筑物室内等效声级不得超过表 2-5 和表 2-6 规定的限值［《社会生活环境噪声排放标准》（GB 22337—2008）］。

当固定设备排放的噪声通过建筑物结构传播至噪声敏感建筑物室内时，噪声敏感建筑物室内等效声级不得超过表 2-5 和表 2-6 规定的限值［《工业企业厂界环境噪声排放标准》（GB 12348—2008）］。

表 2-5 结构传播固定设备室内噪声排放限值（等效声级）

单位：dB（A）

噪声敏感建筑物声环境所处功能区类别	房间类型			
	A 类房间		B 类房间	
	昼间	夜间	昼间	夜间
0	40	30	40	30
1	40	30	45	35
2、3、4	45	35	50	40

注：A 类房间指以睡眠为主要目的，需要保证夜间安静的房间，包括住宅卧室、医院病房、宾馆客房等。

B 类房间指主要在昼间使用，需要保证思考与精神集中、正常讲话不被干扰的房间，包括学校教室、会议室、办公室、住宅中卧室以外的其他房间等。

表 2-6　结构传播固定设备室内噪声排放限值（倍频带声压级）

单位：dB

噪声敏感建筑所处声环境功能区类别	时段	房间类型	倍频带中心频率/Hz				
			31.5	63	125	250	500
0	昼间	A、B类房间	76	59	48	39	34
	夜间	A、B类房间	69	51	39	30	24
1	昼间	A类房间	76	59	48	39	34
		B类房间	79	63	52	44	38
	夜间	A类房间	69	51	39	30	24
		B类房间	72	55	43	35	29
2、3、4	昼间	A类房间	79	63	52	44	38
		B类房间	82	67	56	49	43
	夜间	A类房间	72	55	43	35	29
		B类房间	76	59	48	39	34

对于在噪声测量期间发生非稳态噪声（如电梯噪声等）的情况，最大声级超过限值的幅度不得高于10dB（A）。

2.3.5　管理工作开展情况

2022年9月23日，昆明市生态环境局污染防治工作领导小组印发了《昆明市2022年噪声污染防治重点工作实施方案》，明确了完善全市噪声监测体系、加强噪声监测能力建设、强化噪声源头管控、落实隔声降噪措施、售房合同增加条款、严格落实排污许可、加大建筑噪声监管、加强社会噪声监管、加强交通噪声治理、制定“一房一策”等重点任务，力争群众关心的突出噪声问题和声环境质量得到改善。

（1）严格落实环评及排污许可要求，做好源头控污

在规划及建设项目环境影响评价、排污许可审核等工作中，严格落实《噪声法》《环境影响评价技术导则——声环境》相关要求，做好从源头开始降低噪声源强，提出过程控制、受体防护的相关要求，

大力减轻工业、建筑业、交通、社会生活等各类噪声污染。2022年新改扩建项目环评审批数量722个，均严格落实相关要求。

(2) 认真处理各类噪声投诉问题

昆明市一方面加大对投诉重点和热点区域、问题的分析，做好中央及省督查交办问题的整改、指导、验收；另一方面采取“一案一策”，采取有效措施解决群众关心的问题，针对各投诉件均逐一落实办结，办结率100％。

(3) 严肃噪声执法工作

与住建、公安、交通等部门密切对接，做好噪声执法工作，包括开具夜间施工证明，实施噪声污染处罚，落实道路鸣笛抓拍，低噪声振动的轨道、路面铺设，声屏障安装；加大对酒吧、“飙车”、渣土车等扰民行为的惩治力度，开启中高考“静音”模式，实施“绿色护考”；依托“绿剑行动”等重点执法专项，不断提升噪声污染防治工作力度。2023年，各县（市）区陆续开展噪声专项执法行动，执法效果不断呈现，执法专业水平不断提升。

(4) 加大噪声污染防治管理工作力度

进一步明确污染防治工作领导小组中各部门职责，做好各类污染防治管理工作。在工业噪声和社会生活噪声方面，由生态环境和公安部门分别继续做好监督管理工作，加大执法力度，严格查处噪声超标扰民行为。在建筑施工噪声方面，由生态环境和住房建设部门按职责做好特殊工艺夜间施工审核工作，督促建设（施工）单位在施工地点周边做好公告，严格查处不按要求审核和备案的夜间施工扰民行为；由市公安交警部门牵头，会同市住房建设、市城市管理、市交通运输部门建立相关工作机制或成立工作小组，共同研究、协同解决全市在建施工工地渣土（材料）运输车、水泥搅拌车等大型车辆错峰入城（限行）问题。在交通噪声方面，由公安交警部门继续加大对车辆非法改装、飙车等“炸街”行为的查处力度，科学划定禁鸣区域、路段和时段，设立禁鸣标志；自然资源规划部门合理安排土地用途和建设布局，尽可能更多考虑人民群众的感受，设置“过渡带”。

2.3.6　声环境控制措施现状

噪声的控制通常从三个方面着手：源头控制、传播途径控制、受体防护。根据不同类型的噪声源，需要采取不同类型的控制方式。本书主要针对主城交通噪声、工业噪声、社会生活及商业噪声等主要噪声源，调查分析声环境控制措施现状。

2.3.6.1　交通噪声控制措施

昆明城市交通噪声主要由公路/道路、铁路及轨道、机场噪声构成；目前昆明主城交通噪声主要集中在主城一环、二环、三环，城市主次干道，过境道路，昆明市各主要交通干线两侧声环境不容乐观。现状主要控制措施包括隔声屏、路面减噪、隔声窗等。各种设施对比情况见表2-7。

表2-7　各种噪声治理措施对比情况

<table>
<tr><th colspan="2">设施名称</th><th>降噪声效果/dB(A)</th><th>优点</th><th>缺点</th></tr>
<tr><td rowspan="6">隔声屏</td><td>直立式土建隔声屏</td><td>实心砖墙40,空心砖墙30(厚度均为100mm)</td><td>隔声效果好,投资低</td><td>景观效果差,隔光性强</td></tr>
<tr><td>直立式钢板隔声屏</td><td>30(厚度1.5mm)</td><td>隔声效果好,安装方便</td><td>景观效果差,隔光性强,易腐蚀</td></tr>
<tr><td>玻璃棉吸声板</td><td>10(厚度50mm)</td><td>吸声效果好</td><td>投资高,景观效果差</td></tr>
<tr><td>直立式玻璃板隔声屏</td><td>30(厚度6mm)</td><td>隔声效果好,透光性好,景观效果好</td><td>投资高,易损</td></tr>
<tr><td>顶部折弯型玻璃隔声屏</td><td>30(厚度6mm)</td><td>隔声效果好,透光性好,景观效果好</td><td>投资高,易损</td></tr>
<tr><td>全封闭型玻璃隔声屏</td><td>30(厚度6mm)</td><td>隔声效果好,透光性好,景观效果好</td><td>投资高,透气性差</td></tr>
</table>

续表

设施名称		降噪声效果/dB(A)	优点	缺点
隔声窗	双层玻璃隔声窗	35	隔声效果好，透光性好	投资高，透气性差
	玻璃棉吸声隔声窗	35	隔声效果好	透光性差
路面减噪	改性沥青、多孔混凝土材料	5	具有一定减噪效果	一次性投资高，易磨损
绿化	树林深度 30m	5	具有一定减噪效果，景观效果好	占地面积大

(1) 隔声

昆明城市二环路主要隔声控制措施如表 2-8～表 2-10 所示。

表 2-8 东二环段隔声屏设置情况

序号	路段名称	隔声屏长度/m	序号	路段名称	隔声屏长度/m
1	五里小区	110	16	晨苑小区	80
2	省司法厅家属院	50	17	大树营社员统建房	180
3	创意英国格林威治小区	300	18	大营小学	50
4	云铝小区	130	19	禄园小区	200
5	官渡区城管局宿舍	220	20	沐东新村	210
6	五新小区(临贵昆铁路、4 类)	60	21	市电信局宿舍	70
7	菊花小区(菊花园小区)	175	22	云南艺术进修学院	70
8	南屏里小区(昆河铁路旁)	200	23	大树营市政小区	330
9	东骏苑二期	80	24	昆明勘察设计研究院新迎住宅区	90
10	东骏苑	420	25	昆明供电局东区分局宿舍	300
11	金河小区	60	26	水电十四冶宿舍	220
12	曙光小区	220	27	凯悦时代	150
13	滇黔桂石油勘探局宿舍	200	28	云南交警一支队家属院	70
14	昆明市档案局宿舍	130	29	省官渡监狱家属区	100
15	金马信用社宿舍	60	30	金色俊园	150
小计		2415	小计		2270

续表

序号	路段名称	隔声屏长度/m	序号	路段名称	隔声屏长度/m
31	石闸村	320	41	鑫安花园	130
32	白龙小区	670	42	金福园	110
33	枫蓝国际	160	43	葵花公社	200
34	园丁小区	220	44	实力北岸	180
35	风道机械厂生活区	170	45	志成小学	120
36	麻线营小区	230	46	廖家庙	100
37	金星小区	440	47	泰旸新城	330
38	同仁新华医院	110	48	上马村	280
39	大白庙村	140	49	机电裕海小区	440
40	金康园	470	50	省旅游学校	250
小计		2930	小计		2140
合计			9755		

表 2-9 南二环段隔声屏设置情况

序号	路段名称	隔声屏长度/m	序号	路段名称	隔声屏长度/m
1	市卫生学校	220	13	省电力局宿舍	130
2	西华小学	230	14	马洒营村	260
3	西华东区、春瑞小区	140	15	南坝村	250
4	船房园丁小区	420	16	昆明站宿舍	70
5	宏海小区	190	17	铁道第二勘察设计院昆明分院	50
6	福海乡教师宿舍	150	18	高家村	300
7	昆明市公安局宿舍	100	19	云南肾脏病医院	50
8	永昌小区永顺里	460	20	苗苗幼儿园	40
9	青年公寓	90	21	可乐公寓	25
10	解家桥村	200	22	省人民出版社宿舍	35
11	电力幼儿园	30	23	盛高大城	940
12	昆明电力研究所宿舍	40	24	银海领域	450
小计		2270	小计		2600
合计			4870		

表 2-10 西二环段隔声屏设置情况

序号	路段名称	隔声屏长度/m	序号	路段名称	隔声屏长度/m
1	洪园小学	256	4	丰宁家园、春苑小区等	2500
2	洪园小学	267	5	新建居民小区	200
3	腾龙苑、高新一小等	1100			
小计		1623	小计		2700
合计			4323		

三环路，绕城高速，昆玉、昆曲高速等主要道路沿线敏感点路段也设置了不同规模的隔声屏。隔声屏主要形式如图 2-4。

(2) 路面减振

昆明市二环快速系统提升改造过程中，还在南二环段进行了路面重点改造，有效提升了路面减振降噪效果，如图 2-5。

其他主要道路如北京路、人民路提升改造后，路面噪声显著降低。

(3) 受体隔声

昆明市东北二环、南二环、西二环环评报告中明确要求对沿线部分敏感受体安装隔声玻璃，但由于实施难度较大，目前并未全面实施。昆明市目前新建小区中，双层隔声玻璃的安装比例正逐年提升。

(4) 其他

① 沿快速路两侧新建、改建、扩建的建筑其后退红线的距离不得小于 15m；后退红线宽度大于 40m 的城市主干道的距离不得小于 12m；后退红线宽度小于 40m 的城市主干道、次干道及未控制红线的支路的距离不得小于 10m。建筑退立交、道路交叉口的距离：建筑退东南二环沿线的立交桥的最外侧投影线不得小于 35m；退含有主干道的平面交叉口红线不得小于 30m；退次干道及支路的平面交叉口红线不得小于 15m。

② 今后道路沿线建筑除满足规划的后退距离外，还应加大绿化，加强自身防护，选用隔声性能良好的优质环保建材，沿路房屋安装隔

(a) 全封闭式隔声屏

(b) 钢板隔声屏

(c) 组合式隔声屏

(d) 吸音式隔声屏

(e) 组合式隔声屏

(f) 移动式隔声屏

图 2-4　隔声屏主要形式

声窗，商品房出售时告知住户存在的交通噪声影响问题，减轻对居民

图 2-5　南二环路面提升改造效果

的影响及避免产生污染纠纷。

③ 道路沿线第一排建筑不宜建设学校、医院、疗养院等对噪声敏感的项目。邻路第一排建筑宜建设以商业、企业办公、娱乐等对噪声要求不高的项目，居住及其他对噪声敏感的项目宜建设在高大建筑的后排，具有较好的隔声功能。

④ 严格控制大、中型车的通行量。

⑤ 禁止机动车鸣喇叭。

⑥ 对机动车实行定期检测，对超标车要强行维修，淘汰噪声大的车辆。

⑦ 制定机动车单车噪声控制规划和目标，逐步降低单车噪声值。

⑧ 限制车速，尤其是夜间超速行驶。

⑨ 定期检查与保养吸声屏障及路面。

⑩ 对受损路面要及时维修与修复，使路面保持良好状态。

2.3.6.2 机场噪声控制措施

机场噪声控制措施主要包括航空器噪声消减措施、机场周边土地合理使用措施、对敏感点的防控措施。其中，航空器噪声消减措施主要包括选择低噪声航空器、选择低噪声飞行程序、改善飞机和发动机匹配操作程序等；机场周边土地合理使用控制措施包括限制LWECPN大于70dB的区域新建住宅等敏感建筑以及加强绿地建设；对敏感点的防控措施包括搬迁、安装隔声窗等措施。

根据云南省昆明空港经济区管理委员会发布的《机场噪声等值线75—80dB区域黑波村等7个村庄降噪方案》，空港区截至2019年10月，实施了乌撒庄80dB区域附近7户农房的搬迁，其余乌撒庄、长坡2个村庄的搬迁工程将于2025年前完成，黑波村、甘落冲、沙沟村、阿地村、红沙坡等5个村庄的搬迁于2030年前完成。

2.3.6.3 工业噪声控制措施

工业噪声一般从声源、传声途径、受声体三方面进行控制。

① 声源控制包括选用优质、低噪声设备，改良生产工艺，例如以无声或低声的设备代替高噪声设备，以焊代铆、以液压代替锻造等；加强机器维修或减掉不必要的部件，消除机器摩擦、碰撞等引起的噪声。

② 传声途径控制方面，通过加强厂房规划与布局，使高噪声设备远离敏感点，在产噪声车间与居民区之间设置一定的防护距离，噪声车间的窗户与非噪声车间及居民区呈90°设计，尽可能将噪声源集

中进行隔声处理，室内铺设吸声材料，墙壁表面装设或涂抹吸声材料以降低车间内反射噪声。

a. 吸声。产噪声车间内铺设多孔材料如玻璃棉、矿渣棉、泡沫塑料、毛毡、棉絮等材料制作的吸声棉。

b. 消声。利用消声器来降低空气动力性噪声，如各种风机、空压机等噪声。

c. 隔声。用一定材料、结构和装置将噪声封闭起来，如隔声墙、隔声室、隔声罩、隔声门窗、地板等。

d. 阻尼、减振隔声。阻尼是用沥青、涂料等涂抹在风管的管壁上，减少管壁振动。减振是在噪声源的基础、地面及墙壁等处装设减振装置和防振结构，例如安装防振橡胶垫、充填沙子等。

③ 受声体控制方面，包括为受声体安装隔声设施、噪声受体补偿等。

昆明市主要产噪声企业的噪声控制措施主要包括上述方面，根据企业不同情况采取不同的控制措施，以确保企业厂界噪声达标。

2.3.6.4 社会生活噪声控制措施

昆明市制定了《关于加强昆明市建筑施工和营业性文化娱乐场所噪声管理的通知》《昆明市噪声污染防治管理办法》等规定，通过源头控制、强化监管等措施，有效减轻了社会活动噪声影响。主要措施包括：

① 禁止使用高音喇叭或者其他产生环境噪声污染的方法从事商业经营活动。

② 在主城建成区内，禁止经营者将商场、门市、店、堂、摊点及影剧院等商业文化经营场所的音箱和喇叭置于街面播放。

③ 禁止在主城建成区、各县（市）区政府所在地的医疗区、文教科研区、机关办公区、居民住宅区等噪声敏感建筑物集中区内使用高音喇叭。

④ 居民家庭使用音响设施、各类乐器、饲养动物等产生噪声的，

不得干扰他人正常生活。

⑤ 已安装防盗报警设备的机动车，应当确保报警设备正常运转，报警器不得长时间鸣响，干扰他人正常生活。

2.3.6.5 施工噪声控制措施

在施工噪声控制方面的主要措施包括：

① 建筑施工单位应当采取有效措施，降低施工噪声污染，所排放的建筑施工噪声，应当符合国家规定的建筑施工场界噪声限值。

② 主城建成区内，建筑施工过程中使用机械设备，可能产生环境噪声污染的，施工单位应当在工程开工前十五日向工程所在地的县（市）区环境保护行政主管部门申报该工程的项目名称、施工场所和期限、可能产生的环境噪声值以及所采取的环境噪声污染防治措施的情况。

③ 主城建成区内，禁止在12时至14时、22时至次日6时进行建筑施工作业，但抢修、抢险作业和因混凝土浇灌、桩基冲孔、钻孔桩成型等生产工艺需要连续作业的除外。

其他需要禁止建筑施工作业的区域和时间，由各县（市）区人民政府决定，并向社会公告。

④ 因混凝土浇灌、桩基冲孔、钻孔桩成型等连续作业必须进行夜间施工的，施工单位应当在施工前三日持市建设行政主管部门证明，到所在地的县（市）区环境保护行政主管部门登记，并在施工地点以书面形式向附近居民公告。

⑤ 中考、高考前七日内和中考、高考期间的18时至次日8时，禁止在文教科研区、居民住宅区进行产生噪声的建筑施工作业。中考、高考期间，考点周围500m范围内，禁止所有产生环境噪声污染的建筑施工作业。

2.4 居民对声环境投诉案例

《中华人民共和国噪声污染防治法》将噪声分成工业噪声、社会生活噪声、建筑施工噪声、交通噪声四个大类。昆明市噪声声源构成稳定，社会生活噪声、交通噪声是主要声源，两者之和占总声源比例为86.8%～89.9%，为噪声声源构成的第一和第二位。由于昆明市分布众多建筑工地，根据近三年环保投诉情况的分析，昆明市生态环境部门投诉中建筑噪声投诉占比最大，主要是夜间建筑施工工地噪声扰民造成的重复投诉，噪声主要是由施工工地车辆和施工作业所产生。结合日常管理情况和噪声类投诉交办件情况分析，建筑施工噪声和交通噪声投诉是昆明市噪声污染治理方面的主要问题，其次为社会生活噪声、工业噪声，噪声污染防治工作迫在眉睫。

2.4.1 社会生活噪声

【案例一　春风十里悦璟小区消防系统储水罐噪声扰民】

2021年4月，中央第八生态环境保护督察组交办了“春风十里悦璟小区消防系统储水罐工作时噪声扰民”问题。五华区高度重视，召开专题会议研究办理处理，决定由普吉街道办事处牵头，市生态环境局五华分局、区住房城乡建设局、区消防大队立即进行现场核实，并组织整改。

经核实，该小区15栋2单元楼顶的消防储水罐容量约38m^3，该点位符合建设标准，但在补水过程中，由于水压较大导致屋顶水箱受到冲击产生噪声，并伴有浮球撞击声，对顶楼业主造成影响。该业主前期已多次向春风十里小区物业公司反映，物业公司于2020年对水罐采取包管措施，进行简单的降噪处理，但降噪效果不明显，该业主对此仍不满意，并于2020年底向五华区人民法院提起诉讼。

为有效解决该问题，普吉街道办事处召集西景社区、小区物管及业主到春风十里悦璟小区15栋召开现场工作协调会，通过实地调研，结合投诉人意见，督促小区物管进行整改，并结合实际情况，及时调整整改方案，再次组织整改，最终通过加装二次进水箱的措施，解决了噪声扰民问题。投诉问题解决后，投诉的业主对降噪整改结果表示满意，并专程向五华区普吉街道办事处和西景社区工作人员送上两面分别写着“不忘初心，一心为民”“服务态度好，工作质量高”的锦旗致谢。

【案例二 百汇商场片区噪声扰民整治】

百汇商场位于人民西路和昆师路交叉口，沿街商铺众多，经营范围主要涉及通信设备和学习用品，商场内部还有培训学校、书店等，每日来往人员繁杂，人流量非常大，2021 年涉及百汇商场及周边区域的噪声扰民警情多达 15 起。

针对这一情况，以百汇商场为中心，开展了噪声扰民专项工作：

第一，由派出所领导约谈商场负责人，签订噪声扰民责任书及整治噪声扰民告知书，明确商场管理责任；

第二，发动全体民辅警及红袖标治安志愿者加强百汇商场及周边区域的巡逻频次，主动发现、干预噪声扰民；

第三，不定时地到各商铺、培训学校开展噪声扰民防治宣传，签订责任书和告知书，提高商铺全体人员噪声扰民意识，从源头上解决噪声问题。

2022 年至今，百汇商场及周边未再发生噪声扰民事件，相关警区接报量为零。

2.4.2 交通噪声

【案例三 规范“城市三路”声屏障设置管理】

昆明主城城市规划建成区“城市三路”发展速度明显加快，这些道路经过城市噪声敏感建筑物集中区域的路段噪声超标引发的环境投诉日益增多，为加强这些路段噪声污染防治工作，充分保障人民群众的环境权益，先后在主城城市规划建成区“城市三路”部分路段设置了声屏障，对缓解噪声污染，减少投诉起到了积极的作用。但同时也存在一些问题，主要表现在：一是现有声屏障标准不统一，由于高度、材质、规格、样式不统一，对城市景观造成割裂，通透性受到影响，既破坏了沿线景观整体协调性，也不利于零散部件更换和维修；二是管理不善，部分声屏障设置年代较早，由于风吹日晒和养护管理跟不上，造成板材逐渐老化变黄和破损，起不到应有的作用，也存在一定的安全隐患；三是由于部分“城市三路”建设较晚，城市建设已经成型，退距执行较为困难，导致部分路段与噪声敏感建筑物集中区域距离较近，交通噪声影响较大，投诉较多。因此，为满足人民群众对美好环境的需要，妥善解决上述问题，规范昆明市主城城市规划建成区“城市三路”声屏障设置管理工作显得尤为迫切和必要。

声屏障设置要求：

（1）设置区域

设置区域为昆明市主城城市规划建成区内，已建和新建“城市三路”经过噪声敏感建筑物集中区（医疗区、文教科研区、机关办公区、居民住宅区等，以下同）的路段，其中，“噪声敏感建筑物”是指医院、学校、机关、科研单位、住宅等需要保持安静的建筑物；“噪声敏感建筑物集中区”是指医疗区、文教科研区和以机关或者居民住宅为主的区域。

（2）规范要求

① 坚持“后建服从先建”的要求，建设经过已有的噪声敏感建筑物集中区的“城市三路”，应当与噪声敏感建筑物集中区域保持一定的退让距离。退让距离不能保证，在组织充分论证后，确需设置声屏障措施的，建设单位应当采取设置隔声屏障等有效措施减轻、避免交通噪声污染。在已有的城市交通干线的两侧建设噪声敏感建筑物的，行业主管部门应督促房屋开发建设单位按照国家规定与“城市三路”保持合理退距，并采取减轻、避免交通噪声影响的措施。

② 坚持“保障退距”的要求，合理确定城市建设布局，噪声敏感建筑物集中区与“城市三路”之间应当保持一定的退让距离。具体退让距离按《昆明市城乡规划管理技术规定》执行。

③ 坚持景观协调性的要求，声屏障规划设计应当考虑景观效果，与周围景观相协调，鼓励设置实心基座，中间透明材质的声屏障。

④ 坚持规格统一的要求，声屏障的设置在同一路段应当做到外观、材质、样式、厚度、隔声量等基本统一。

⑤ 坚持保证隔声效果的要求，声屏障的长度为噪声敏感建筑物向“城市三路”垂直投影并向两侧各外延不少于10m；相邻敏感建筑物之间（以建筑物外墙计算）的距离小于50m的，声屏障应连接贯通。

2.4.3 建筑施工噪声

【案例四 建筑施工作业噪声问题、施工车辆噪声问题、交通噪声问题】

在实际监管和投诉处理过程中发现，必须夜间施工作业的抢修、抢险和特殊工艺在整个施工作业过程中仅属于一个短期作业阶段，产生的噪声也只是局部、短期存在，随着该阶段建设工程完工后就会自动消失。造成大量重复的建筑施工噪声投诉其实是来源于夜间工地内装卸材料或拉运渣土的车辆直接产生的噪声及衍生出来的一系列噪声问题。

根据昆明市目前的相关规定，驾驶渣土运输车、水泥搅拌车等工程类运输车须按照经公安机关交通管理部门批准的运输路线和时间行驶。建筑材料、渣土运输车辆，混凝土搅拌车辆在7：00～22：00时间段内主城区限行。因此，大型运输车辆昼间无法进城，导致在夜间22：00以后集中运输、装卸施工材料、渣土等产生了大量噪声，从而影响工地附近及沿路居民休息，造成大量重复投诉。

昼间大型车辆限行造成晚间大型车通行量增加，不仅有施工工地进出车辆噪声扰民投诉，还有城市主要道路、二环沿线、绕城高速沿线等道路大型车辆正常行驶产生的噪声扰民投诉。在处理上述噪声投诉时，按照“先有房后有路”或“先有路后有房”的原则，分别由道路主管部门（交通运输）或房屋建设主管部门（住建）牵头负责，各级政府和职能部门督促处治或整改达到国家相关标准要求。

2.4.4 工业噪声

【案例五　云南省生物制药厂烟囱和配电室风机产生噪声扰民】

2021 年，中央第八生态环境保护督察组交办的投诉问题，昆明高新区高度重视，昆明高新区综合行政执法大队联合市生态环境局高新分局对该投诉件所反映的情况立即进行现场核实。经现场检查，执法人员未发现投诉人描述的中国医学科学院医学生物学研究所烟囱，烟囱每天 24h 不间断产生噪声严重影响丰宁小区住户正常生活不属实。

中国医学科学院医学生物学研究所厂内噪声源位于南侧 1 号楼，距离投诉人房屋 9 栋墙体 17m 左右，距离厂区边界 5m 左右，投诉人房屋距该厂不足 5m 属实。

中国医学科学院医学生物学研究所厂区内 1 号楼（邻近丰宁小区第 9 栋）共计 5 层：1 层为空压站，设置 1 台 37kW 空压机、3 台 116.9kW 冷水机组；2～4 层为洁净室；5 层为空调机房，南侧窗口设置 1 个风机排风口，产生的机械噪声（运行时间 24h）对丰宁小区 9 栋居民产生影响。配电室风机全年每天 24h 不间断产生噪声存在一定噪声扰民问题，严重影响丰宁小区住户正常生活的问题部分属实。

2021 年 4 月 25 日 9 时，高新区综合行政执法大队会同市生态环境局高新分局到中国医学科学院医学生物学研究所进行现场复查。现场 1 号楼五层空调机房排风口，外排接口管道已经拆除，采取室内方式排放。同时该所表示下一步准备对该排风口进行改造，将排风口引到顶楼远离居民区排放并加装隔音屏，有效降低噪声排放对周边影响。

依据云南高科环境保护科技有限公司 4 月 23 日、24 日对厂界噪声点位进行 24h 连续监测（昼间、夜间），监测数据结果为 4 月 23 日昼间52dB、夜间49dB，4月24日昼间51dB、夜间48dB，噪声值均满足《声环境质量标准》(GB 3096)二类区限值标准。

2021年12月28日，高新区综合行政执法大队制定满意度调查表，对企业及企业周边单位进行了满意度调查，发放问卷21份，收回问卷21份，调查结果满意率为100%。

第3章 噪声污染防控体系研究

随着城市化进程的不断加快，城市规模及人口密度持续增大，基础设施建设不断加快，城市现代化发展和人民物质文化需求水平也不断提高，城市建筑业、交通业、文化娱乐业、饮食业及家庭现代化设施迅速增加，导致噪声污染源增加，城市功能混杂加剧噪声污染扩散，治理与城市发展速度不匹配，城市噪声污染对于市民的影响日益严重，噪声已经发展成为城市的一大公害。据世界卫生组织的调查：噪声污染已经成为危害人们生活的污染之一，给市民的生活环境造成了较大危害，加剧了“城市病”的形成。在众多的城市环境污染投诉案件中，噪声污染投诉比例最高，并且随着人们环保意识的不断增强，噪声污染投诉还呈现增长的势头。不同于大气污染、水污染，噪声污染看不见摸不着，不同的人群对噪声的敏感程度差异较大，很多时候会随着声源停止而终止，难以取得直接证据，违法成本低、执法成本高，给监管和治理带来很大困难。我国已出台多部噪声污染防治法律法规，对各类型噪声污染提出了较高的污染管控要求，但城市噪声污染来源广泛，单一控制策略很难缓解整个城市的噪声污染，需要从宏观角度，提出城市噪声污染防控体系，结合信息化平台的建设，设计搭建城市噪声污染防控平台，对城市噪声进行综合管控。

3.1　声环境功能区划

基于 GIS 技术的声环境功能区划可以为提高噪声环境的管理效率提供依据，并为后期与软件结合实现数字化管理奠定基础，促进区域噪声的智能化、精细化管理，对于区域开展噪声污染防治规划具有重要的指导作用。

3.1.1　声环境功能区分类

根据 GB 3096—2008《声环境质量标准》，声环境功能区划分为五种类型：

0 类区：是指康复疗养区等特别需要安静的区域。

1 类区：适用于 2 类区、3 类区、4 类区以外区域，以居民住宅、医疗卫生、文化教育、科研设计、行政办公为主要功能，需要保持安静的区域。1 类区标准限值为昼间 55dB(A)，夜间 45dB(A)。

2 类区：适用于以商业金融、集市贸易为主要功能，或者居住、商业、工业混杂，需要维护住宅安静的区域。2 类区标准限值为昼间 60dB（A)，夜间 50dB(A)。

3 类区：适用于以工业生产、仓储物流为主要功能，需要防止工业噪声对周围环境产生严重影响的区域。3 类区标准限值为昼间 65dB(A)，夜间 55dB（A)。

4a 类区：高速公路、一级公路、二级公路、城市快速路、城市主干路、城市次干路、城市轨道交通（地面段）、内河航道两侧一定距离范围内（距离要求见表 3-1）区域，标准限值为昼间 70dB(A)，夜间 55dB(A)。

表 3-1　交通干线（边界）与相邻声功能区距离表

源强类型	划分距离/m	相邻功能区类型
高速公路、城市快速路、一级公路	80	1类区
	50	2类区
	30	3类区
城市主干路、城市次干路、城市轨道交通（地面段）、二级公路	50	1类区
	30	2类区
	20	3类区

① 若临路建筑以低于三层楼房的建筑（含开阔地）为主，将道路边界线外一定距离内（见表 3-1）的区域划为 4a 类声环境功能区。

② 若划分距离范围内临路建筑以高于三层楼房（含三层）的建筑为主，将第一排建筑面向道路一侧至道路边界线的区域及该建筑物两侧一定纵深距离（见表 3-1）范围内受交通噪声直达声影响的区域划为 4a 类声环境功能区。

并排的两个建筑物临路一侧的相邻两点间距离小于或等于 20m 时，视同直线连接。大于 20m 时，按临路建筑的高度及间距情况重新判断分别执行①和②要求。第二排及以后的建筑，若其高于前排建筑或虽低于前排建筑但因楼座错落设置使部分楼体探出前排遮挡并受到道路交通噪声的直达声影响，则高出及探出部分的楼层面向道路一侧范围划分为 4a 类区。其余部分未受到交通噪声直达声影响的区域执行其相邻声环境功能区要求。

4b 类区：铁路干线两侧区域。

4b 类声环境功能区的划分适用于铁路干线（正线、站线、段管线、岔线）两侧区域，是指铁路边界外一定距离内的用地范围，距离（不计临路建筑物高度）按表 3-2 执行。

表 3-2　4b 类功能区两侧距离的划定要求

源强类型	划分距离/m	相邻功能区类型
高速铁路干线	100	1类区
	60	2类区
	40	3类区

续表

源强类型	划分距离/m	相邻功能区类型
普速铁路干线	80	1类区
	50	2类区
	30	3类区

道路边界的认定：地面段公路或城市道路以最外侧非机动车道路或机非混行道路外沿为边界，高路基公路或城市道路以最外侧的边沟或路基边缘为边界，没有辅路的高架公路或城市道路以高架段地面垂直投影的最外侧为边界。铁路、城市轨道交通或高速公路以护网处为边界，没有护网的按一般公路或城市道路相关情况处理。

3.1.2 划分方法

3.1.2.1 城市区划方法

① 城市用地现状单一的区域：直接划分。

② 混合用地区域：根据单元内Ⅰ类用地和Ⅱ类用地的比例划分。Ⅰ类用地包括居住用地（R类）、公园绿地（G1类）、行政办公用地（A1类）、文化设施用地（A2类）、教育科研用地（A3类）、医疗卫生用地（A5类）、社会福利设施用地（A6类）；Ⅱ类用地包括工业用地（M类）和物流仓储用地（W类）。

Ⅰ类用地＞70%→1类区；Ⅱ类用地＞70%→3类区；Ⅰ类用地和Ⅱ类用地均小于70%→2类区。

3.1.2.2 各类功能区划分细则

（1）4类区划分方法

① 高速公路、城市快速路、一级公路干线用地边界线外：相邻区域为1类声环境功能区，距离为80m；相邻区域为2类声环境功能区，距离为50m；相邻区域为3类声环境功能区，距离为30m。城市主干路、城市次干路、铁路、城市轨道交通（地面段）、二级公路干线用地边界线外：相邻区域为1类声环境功能区，距离为50m；相邻

区域为2类声环境功能区，距离为30m；相邻区域为3类声环境功能区，距离为20m。

② 交通枢纽地区（包括铁路、公路、客运、货运、码头）：城市轨道交通（地面段）场站、公交枢纽、港口站场、高速公路服务区等具有一定规模的交通服务区域划为4a或4b类声环境功能区。

③ 轨道交通上盖物业开发的居住区，按1类区要求。

④ 轨道交通地下与地面连接处的划分以城市轨道交通中心线与地面交点处为圆心，外侧50m为半径绘制圆弧与线路两侧区界连接。

⑤ 铁路专用线划执行所在区域声环境功能区，不再单独划分。

⑥ 明确4类区内发生固定设备噪声污染事件时，按相邻功能区标准执行。

（2）3类区划分方法

① 城市用地现状已形成一定规模或近期规划已明确主要功能的区域，其用地性质符合3类声环境功能区规定的区域；

② Ⅱ类用地占地率大于70%（含70%）的混合用地区域；

③ 独立于乡村集镇、村庄的工业、仓储、物流企业集中区域或乡村地区未经国务院、市政府、区县政府批准的工业集聚区，根据实际用地性质可调整为3类区。

（3）0类区划分方法

0类声环境功能区适用于康复疗养区等特别需要安静的区域。该区域内及附近区域应无明显噪声源，区域界限明确。

（4）1类区划分方法

① 城市用地现状已形成一定规模或近期规划已明确主要功能的区域，其用地性质符合1类声环境功能区的区域；

② Ⅰ类用地占地率大于70%（含70%）的混合用地区域。

（5）2类区划分方法

① 城市用地现状已形成一定规模或近期规划已明确主要功能的区域，其用地性质符合2类声环境功能区规定的区域；

② 划定的 0、1、3 类声环境功能区以外的居住、商业、工业混杂区域。

3.1.2.3　声环境功能区数据统计方法

（1）道路

① 公路交通干线：高速公路、城市快速路、一级公路、二级公路、城市主干路、城市次干路；

② 铁路干线：铁路、城市轨道交通（地面段）；

③ 交通枢纽：公路、铁路站、场（客运、货运），码头。

统计道路所属区域范围、名称、等级、里程，边界与相邻声环境功能区距离。

（2）0～3 类区

统计所属区域范围、地名（小区、单位）、声环境功能区类别、面积。

3.1.2.4　注意问题

0～3 类功能区根据街区分隔，同一用地功能区尽量相互连接，避免交叉影响。4a、4b 类功能区按道路不同划分距离做缓冲处理，区划单元内部按类别不同做合并处理。各类功能区并列且不重叠，不产生拓扑错误，形成一个完整闭合的矢量面图层（shp 文件）。

① 注意水域两侧的斑块界定类别的准确性（图 3-1）。

图 3-1　水域两侧斑块界定类别准确性

② 注意区划单元属性表类别项表述准确且完整（图 3-2）。

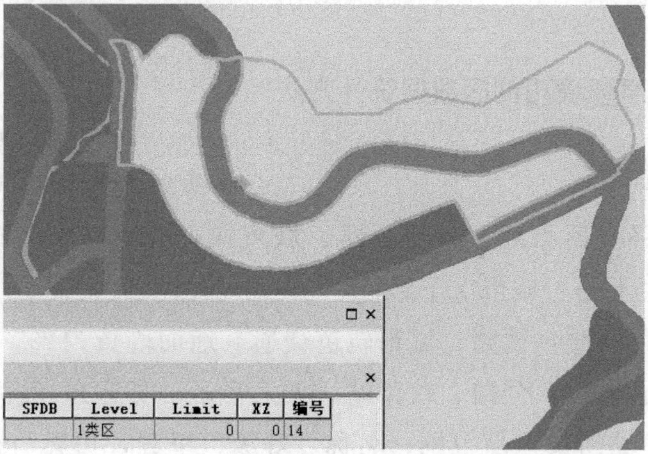

图 3-2　区划单元属性表类别项表述准确且完整

③ 矢量数据图层建议将同一区划单元里同一类别的区域合并（图 3-3）。

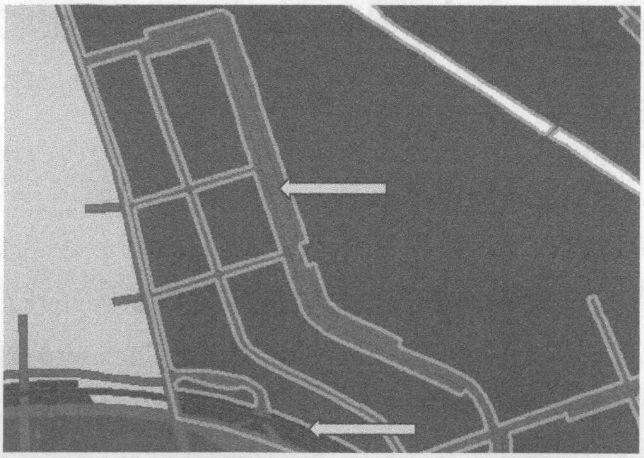

图 3-3　将同一区划单元里同一类别区域合并

④ 路网类要素细节做规范处理（图 3-4）。

⑤ 明确水域矢量数据图层是否在功能区内部展示，与路网重叠部分适当完善（图 3-5）。

3.1.3　区划单元分析（以昆明市五华区为例）

五华区作为昆明主城重要的行政、居住、教育、文化、科研、办

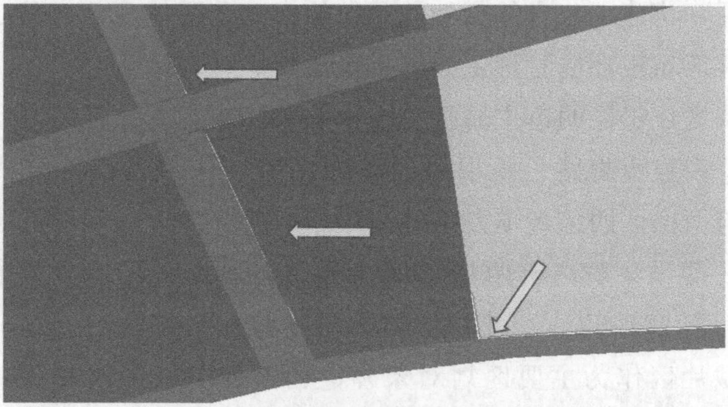

图 3-4　路网类要素细节规范处理

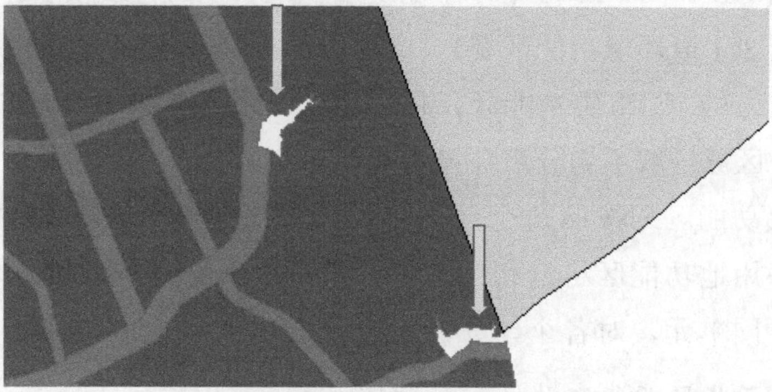

图 3-5　明确水域矢量数据图层是否在功能区内部展示，与路网重叠部分适当完善

公集中区域，城市功能定位较为鲜明，以区域骨干道路为依托，培育现代型服务业、总部经济、科教信息、生态旅游四大特色经济产业轴带，整体形成“三带四团七街区”的产业布局结构，对声环境质量要求较高。随着五华区以及昆明主城城市功能定位的不断调整，区域工业企业逐步退出，居住、商住、科研教学、城市综合服务功能区不断增加，科学开展五华区声环境功能区划，并利用 ArcGIS 技术的空间数据采集、统计、分析、储存、管理及查询等功能，绘制声功能区划电子地图，提高噪声环境的管理效率显得尤为重要，是生态文明建设的重要内容，是提供优良人居环境，逐步改善区域声环境质量，减轻城市噪声污染程度和范围，实现社会、经济、人口、资源、环境的可

持续发展，构建人与自然相处的和谐社会的重要体现，也是今后一段时期开展区域声环境管理工作的重要依据。

五华区位于昆明市主城核心区西北部，东起盘龙江，与盘龙区隔江相望；南连金碧路、西坝路经环城西路转人民西路，与西山区毗邻；西与西山区团结街道办事处接壤；西北与富民、嵩明两县交错相接，并在富民县境内有两块飞地（西翥街道迤六、瓦恭两个社区），辖区总面积 381.6km^2。本次区划按照城市边界线确定的五华区范围，除将主城片区作为主要区划对象外，还增加了五华西翥厂口、落水洞、桃园 3 个片区，总面积 169.144km^2。

根据 GB 3096—2008《声环境质量标准》，噪声功能区划各区域的标准（见 3.1 声环境功能区划），交通枢纽地区具有一定规模的交通服务区域划为 4a 或 4b 类功能区，相邻功能区距离参照表 3-1 与表 3-2 执行；乡村区域一般不划分声环境功能区，集镇执行 2 类功能区要求。

本次功能区划按照每个区划单元面积大于 0.5km^2，根据街区分隔，同一用地功能区尽量相互连接，避免交叉影响等原则，将五华区划分为不同单元，对各个单元的划定分析如下：

（1）五华区步行街片区（0.7946km^2）

根据规划用地土地利用类型及结合实际情况分析，五华区步行街片区规划用地Ⅰ类用地面积占比低于 70%，且根据实际情况，该片区属于商业区，功能区应划为 2 类。

（2）昆都片区（1.4479km^2）

根据规划用地土地利用类型及结合实际情况分析，昆都片区规划用地Ⅰ类用地面积占比低于 70%，且根据实际情况，该片区大部分属于商住混杂区，功能区应划为 2 类。

（3）翠湖片区（1.3377km^2）

根据规划用地土地利用类型及结合实际情况分析，翠湖片区规划用地Ⅰ类用地面积占比低于 70%，且根据实际情况，该片区大部分属于商住混杂区，功能区应划为 2 类。

(4) 昆明市体育馆片区 (0.491km^2)

根据规划用地土地利用类型及结合实际情况分析，昆明市体育馆片区规划用地Ⅰ类用地面积占比低于70%，且根据实际情况，该片区除体育设施用地及教育科研用地外，其他属于商住混杂区，功能区应划为2类。

(5) 圆通北路片区 (0.5648km^2)

根据规划用地土地利用类型及结合实际情况分析，圆通北路片区规划用地Ⅰ类用地面积占比高于70%，根据实际情况，该片区大部分为圆通山动物园，大部分属于公园绿地，游客人数较多，人口流动性较大，商业活动较为频繁，因此功能区划为2类。

(6) 云南师范大学片区 (0.4762km^2)

根据规划用地土地利用类型及结合实际情况分析，云南师范大学片区规划用地Ⅰ类用地面积占比高于70%，且根据实际情况，该片区大部分属于教育科研用地，如云南师范大学、云南大学、云大附中等学校均位于该片区，功能区应划为1类。

(7) 赵家堆片区 (0.6689km^2)

根据规划用地土地利用类型及结合实际情况分析，赵家堆片区规划用地Ⅰ类用地面积占比高于70%，其中文化设施用地占比较高。但根据实际情况，该片区大部分属于商住混杂区，且目前有很多建筑工地位于该区域，施工期较长，影响周边的居住环境，声环境功能区应划为2类，若这些工地施工完成后可根据用地情况及相关规范对该区域的声环境功能区划类别进行调整。

(8) 春晖小区片区 (0.4331km^2)

根据规划用地土地利用类型及结合实际情况分析，春晖小区片区规划用地Ⅰ类用地面积占比高于70%，根据实际情况，虽然该片区大部分属于居住区，但是大部分属于商住混杂区，人口流动性较大，城市支路较多，因此功能区划分为2类。

(9) 江岸小区片区 (1.105km^2)

根据规划用地土地利用类型及结合实际情况分析，江岸小区片区规划用地Ⅰ类用地面积占比低于70%，且根据实际情况，该片区大部分属于商业区及商住混杂区，功能区划为2类。

(10) 昆明理工大学片区 (0.6282km^2)

根据规划用地土地利用类型及结合实际情况分析，昆明理工大学片区规划用地Ⅰ类用地面积占比高于70%，且根据实际情况，该片区大部分属于教育科研用地及居住用地，如昆明理工大学、阳之光小区、文华苑、安全新村、苏苑小区、万科学府、苏家塘小区等均属于该片区，功能区划为1类。

(11) 盛世豪庭片区 (0.9803km^2)

根据规划用地土地利用类型及结合实际情况分析，盛世豪庭片区规划用地Ⅰ类用地面积占比高于70%，该片区居民小区有林岗小区、红星家园、盛世豪庭、汇和花园、星光之约小区、云安尚品小区、学府人家、云客小区等，但实际大部分属于商住混杂区，功能区划为2类。

(12) 麻园片区 (0.7099km^2)

根据规划用地土地利用类型及结合实际情况分析，麻园片区规划用地Ⅰ类用地面积占比高于70%，该片区居民小区有林岗小区、红星家园、盛世豪庭、汇和花园、星光之约小区、云安尚品小区、学府人家、云客小区等，但实际大部分属于商住混杂区，且受城市主干道交通噪声的影响较大，因此功能区划为2类。

(13) 金鼎科技园片区 (1.3415km^2)

根据规划用地土地利用类型及结合实际情况分析，金鼎科技园片区规划用地Ⅰ类用地面积占比低于70%，且根据实际情况，该片区大部分属于商业区及商住混杂区，功能区划为2类。

(14) 干警小区片区 (0.63km^2)

根据规划用地土地利用类型及结合实际情况分析，干警小区片区规划用地Ⅰ类用地面积占比低于70%，且根据实际情况，该片区大部分属于商业区及商住混杂区，功能区划为2类。

(15) 云南警官学院片区 ($0.9522km^2$)

根据规划用地土地利用类型及结合实际情况分析，云南警官学院片区规划用地Ⅰ类用地面积占比高于70%，且根据实际情况，该片区大部分属于教育科研用地，云南警官学院占比较大，其余为绿地公园，功能区划为1类。

(16) 玖如堂片区 ($1.3723km^2$)

根据规划用地土地利用类型及结合实际情况分析，玖如堂片区规划用地Ⅰ类用地面积占比高于70%，根据实际情况，虽然该片区大部分属于居住区，但是大部分属于商住混杂区，人口流动性较大，功能区划为2类。

(17) 眠山片区 ($1.1071km^2$)

根据规划用地土地利用类型及结合实际情况分析，眠山片区规划用地Ⅰ类用地面积占比高于70% (84.2%)，根据实际情况，该片区上一轮声环境区划为3类，现状商业活动较频繁，仍有部分城中村、玻璃厂等旧厂房区分布，现状声环境监测结果大多达2类要求，与1类区仍有一定差距，因此本轮声功能区划为2类，今后依据城市发展情况再行修编。

(18) 昭宗片区 ($1.4592km^2$)

根据规划用地土地利用类型及结合实际情况分析，昭宗片区规划用地Ⅰ类用地面积占比高于70% (93.03%)，根据实际情况，该片区上一轮声环境区划为3类，现状仍有部分城中村、旧厂房区分布，现状声环境监测结果大多达2类要求，与1类区仍有一定差距，因此本轮声功能区划为2类，今后依据城市发展情况再行修编。

(19) 团山片区 ($0.8494km^2$)

根据规划用地土地利用类型及结合实际情况分析，团山片区规划用地Ⅰ类用地面积占比高于70% (91.6%)，根据实际情况，该片区上一轮声环境区划为3类，现状商业活动较频繁，仍有昭宗村等城中村、玻璃市场等旧厂房区、农贸市场等分布，现状声环境监测结果大多达2类要求，与1类区仍有一定差距，因此本轮声功能区划为2类，今后依据城市发展情况再行修编。

(20) 黑林铺片区 (0.9092km²)

根据规划用地土地利用类型及结合实际情况分析，该片区规划用地Ⅰ类用地面积占比小于70%（61.3%），声功能区划为2类，今后依据城市发展情况再行修编。

(21) 西城时代片区 (0.9878km²)

根据规划用地土地利用类型及结合实际情况分析，西城时代片区规划用地Ⅰ类用地面积占比高于70%（89.3%），根据实际情况，该片区上一轮声环境区划为3类，现状商业活动较频繁，仍有部分城中村、旧厂房区、农贸市场等分布，现状声环境监测结果大多达2类要求，与1类区仍有一定差距，因此本轮声功能区划为2类，今后依据城市发展情况再行修编。

(22) 米轨以西片区 (1.7504km²)

根据规划用地土地利用类型及结合实际情况分析，米轨以西片区规划用地Ⅰ类用地面积占比高于70%（86.3%），根据实际情况，该片区上一轮声环境区划为3类，现状开发活动较多，现状声环境监测结果大多达2类要求，与1类区仍有一定差距，因此本轮声功能区划为2类，今后依据城市发展情况再行修编。

(23) 普吉片区 (1.6778km²)

根据规划用地土地利用类型及结合实际情况分析，普吉片区规划用地Ⅰ类用地面积占比小于70%（64.3%），该片区上一轮声环境区划为3类，本轮声功能区划为2类，今后依据城市发展情况再行修编。

(24) 陈家营片区 (2.3504km²)

根据规划用地土地利用类型及结合实际情况分析，陈家营片区规划用地Ⅰ类用地面积占比小于70%（55.8%），该片区上一轮声环境区划为3类，本轮声功能区划为2类，今后依据城市发展情况再行修编。

（25）王家桥片区（1.5703km²）

根据规划用地土地利用类型及结合实际情况分析，王家桥片区规划用地Ⅰ类用地面积占比小于70%（42.5%），该片区上一轮声环境区划为3类，本轮声功能区划为2类，今后依据城市发展情况再行修编。

（26）云冶片区（1.3829km²）

根据规划用地土地利用类型及结合实际情况分析，云冶片区规划用地Ⅱ类用地面积占比大于70%，该片区上一轮声环境区划为3类，由于云铜集团搬迁尚未完成，本轮声功能区划仍为3类，今后依据城市发展情况再行修编。

（27）西白沙河生态公园片区（1.6515km²）

该片区上一轮声环境区划为3类，目前为工业、产业、居住等多种功能混合区域，交通路网密集，现状声环境监测结果大多达2类要求，与1类区仍有一定差距，因此本轮声功能区划为2类，今后依据城市发展情况再行修编。

（28）十四冶片区（1.9823km²）

根据规划用地土地利用类型及结合实际情况分析，十四冶片区规划用地Ⅰ类用地面积占比高于70%（92.1%），根据实际情况，该片区现状开发活动较多，仍有相当面积的城中村、市场分布，现状声环境监测结果大多达2类要求，与1类区仍有一定差距，因此本轮声功能区划为2类，今后依据城市发展情况再行修编。

（29）财经大学片区（2.3681km²）

根据规划用地土地利用类型及结合实际情况分析，财经大学片区规划用地Ⅰ类用地面积占比高于70%（93.1%），该片区科研、文教活动较密集，本轮声功能区划为1类。

（30）月牙塘、江东片区（3.6729km²）

根据规划用地土地利用类型及结合实际情况分析，月牙塘、江东片区规划用地Ⅰ类用地面积占比高于70%（85.1%），由于该片区商业活动频繁，人群密度较大，社会活动频繁，上一轮声功能区划为2类，本轮仍维持2类，今后依据声环境变化情况再行修编。

（31）红云片区（商住）（1.8382km^2）

根据规划用地土地利用类型及结合实际情况分析，红云片区（商住）规划用地Ⅰ类用地面积占比小于70%（66.7%），声功能区划为2类，今后依据城市发展情况再行修编。

（32）红云红河集团东片区（0.6681km^2）

根据规划用地土地利用类型及结合实际情况分析，红云红河集团东片区规划用地Ⅱ类用地面积占比大于70%，属于工业地块，声功能区划仍为3类，今后依据城市发展情况再行修编。

（33）红云红河集团西片区（0.5291km^2）

根据规划用地土地利用类型及结合实际情况分析，红云红河集团西片区规划用地Ⅱ类用地面积占比大于70%，属于工业地块，声功能区划仍为3类，今后依据城市发展情况再行修编。

（34）中天城片区（1.883km^2）

根据规划用地土地利用类型及结合实际情况分析，中天城片区规划用地Ⅰ类用地面积占比高于70%，由于该片区商业活动频繁，人群密度较大，社会活动频繁，上一轮声功能区划为2类，本轮仍维持2类，今后依据声环境变化情况再行修编。

（35）西北二环防护绿地（3.8868km^2）

该片区以大面积的绿地为主，声功能区划为1类。

（36）长虫山片区绿地（14.1958km^2）

该片区以大面积的绿地为主，声功能区划为1类。

（37）西翥厂口片区生态科研片区（0.2632km^2）

根据规划用地土地利用类型，西翥厂口片区生态科研片区按照规划用地类型大部分为一类工业用地及一类物流仓储用地，Ⅱ类用地面积占比高于70%，因此该片区划为3类区。

(38) 西翥厂口片区生态居住片区 (0.1719km²)

根据规划用地土地利用类型，西翥厂口片区生态居住片区按照规划用地类型大部分为居住用地，Ⅰ类用地面积占比高于70%，因此该片区划为1类区。

(39) 西翥厂口片区商贸物流片区 (0.3882km²)

根据规划用地土地利用类型，西翥厂口片区商贸物流片区按照规划用地类型大部分为商业用地，Ⅰ类用地面积占比低于70%，因此该片区划为2类区。

(40) 西翥厂口片区生态科技产业片区 (0.5508km²)

根据规划用地土地利用类型，西翥厂口片区生态科技产业片区按照规划用地类型大部分为一类工业用地及一类物流仓储用地，Ⅱ类用地面积占比高于70%，因此该片区划为3类区。

(41) 西翥落水洞片区文化创意片区 (0.1427km²)

根据规划用地土地利用类型，西翥落水洞片区文化创意片区按照规划用地类型大部分为商业用地，Ⅰ类用地面积占比低于70%，因此该片区划为2类区。

(42) 西翥落水洞片区养老养生片区 (0.282km²)

根据规划用地土地利用类型，西翥落水洞片区养老养生片区按照规划用地类型大部分为商住混合用地，Ⅰ类用地面积占比低于70%，因此该片区划分为2类区。

(43) 西翥落水洞片区度假休闲片区 (0.1459km²)

根据规划用地土地利用类型，西翥落水洞片区度假休闲片区按照规划用地类型大部分为商业用地，Ⅰ类用地面积占比低于70%，因此该片区划为2类区。

(44) 西翥落水洞片区商贸旅游片区 (0.658km²)

根据规划用地土地利用类型，西翥落水洞片区商贸旅游片区按照规划用地类型大部分为商业用地，Ⅰ类用地面积占比低于70%，因此该片区划为2类区。

3.1.4 声功能区划结果（以昆明市五华区为例）

明确坐标系，通过解析卫星影像，参照控规图、道路交通图、区划边界、地形地貌、土地利用现状图及相关资料，利用ArcGIS进行资料矢量化，统一坐标，配准图件确定研究区域范围及基础地理空间数据。本次功能区划按照每个区划单元面积大于0.5km^2，根据街区分隔，同一用地功能区尽量相互连接，避免交叉影响等原则，4a、4b类功能区按道路不同划分距离做缓冲处理，区划单元内部按类别不同做合并处理。将五华区研究范围划分为47个单元，如表3-3所示，再根据声环境功能区类别按照不同纵深要求进行空间数据建设及各片区分类，各类功能区并列且不重叠，不产生拓扑错误。

表3-3　五华区城市规划区声环境功能区区划结果表（1～3类区）

序号	市/区	片区	最终分区结果	合计		1类区合计		2类区合计		3类区合计	
				数量/块	面积/km^2	数量/块	面积/km^2	数量/块	面积/km^2	数量/块	面积/km^2
1	主城二环以南片区	五华区步行街片区	2类区	172	0.7946			172	0.7946		
2	主城二环以南片区	昆都片区	2类区	155	1.4479			155	1.4479		
3	主城二环以南片区	翠湖片区	2类区	201	1.3377			201	1.3377		
4	主城二环以南片区	昆明市体育馆片区	2类区	41	0.491			41	0.491		
5	主城二环以南片区	圆通北路片区	2类区	77	0.5648			77	0.5648		

续表

序号	市/区	片区	最终分区结果	合计		1 类区合计		2 类区合计		3 类区合计	
				数量/块	面积/km^2	数量/块	面积/km^2	数量/块	面积/km^2	数量/块	面积/km^2
6	主城二环以南片区	云南师范大学片区	1 类区	49	0.4762	49	0.4762				
7	主城二环以南片区	赵家堆片区	2 类区	50	0.6689			50	0.6689		
8	主城二环以南片区	春晖小区片区	2 类区	67	0.4331				0.4331		
9	主城二环以南片区	江岸小区片区	2 类区	93	1.105			93	1.105		
10	主城二环以南片区	昆明理工大学片区	1 类区	28	0.6282	28	0.6282				
11	主城二环以南片区	盛世豪庭片区	2 类区	74	0.9803			74	0.9803		
12	主城二环以南片区	麻园片区	2 类区	55	0.7099			55	0.7099		
13	主城二环以南片区	金鼎科技园片区	2 类区	110	1.3415			110	1.3415		
14	主城二环以南片区	干警小区片区	2 类区	17	0.63			17	0.63		
15	主城二环以南片区	云南警官学院片区	1 类区	29	0.9522	29	0.9522				
16	主城二环以南片区	玖如堂片区	2 类区	53	1.3723			53	1.3723		

续表

序号	市/区	片区	最终分区结果	合计		1类区合计		2类区合计		3类区合计	
				数量/块	面积/km²	数量/块	面积/km²	数量/块	面积/km²	数量/块	面积/km²
17	主城西北片区	眠山片区	2类区	18	1.1071			18	1.1071		
18	主城西北片区	昭宗片区	2类区	18	1.4592			18	1.4592		
19	主城西北片区	团山片区	2类区	25	0.8494			25	0.8494		
20	主城西北片区	黑林铺片区	2类区	21	0.9092			21	0.9092		
21	主城西北片区	西城时代片区	2类区	24	0.9878			24	0.9878		
22	主城西北片区	米轨以西片区	2类区	48	1.7504			48	1.7504		
23	主城西北片区	普吉片区	2类区	48	1.6778			48	1.6778		
24	主城西北片区	陈家营片区	2类区	57	2.3504			57	2.3504		
25	主城西北片区	王家桥片区	2类区	33	1.5703			33	1.5703		
26	主城西北片区	云冶片区	3类区	26	1.3829					26	1.3829
27	主城西北片区	西白沙河生态公园片区	2类区		1.6515				1.6515		
28	主城西北片区	十四冶片区	2类区	61	1.9823			61	1.9823		
29	主城北片区	财经大学片区	1类区	41	2.3681	41	2.3681				
30	主城北片区	月牙塘、江东片区	2类区	88	3.6729			88	3.6729		

续表

序号	市/区	片区	最终分区结果	合计		1 类区合计		2 类区合计		3 类区合计	
				数量/块	面积/km^2	数量/块	面积/km^2	数量/块	面积/km^2	数量/块	面积/km^2
31	主城北片区	红云片区(商住)	2 类区	53	1.8382			66	1.8382		
32	主城北片区	红云红河集团东片区	3 类区	7	0.6681					7	0.6681
33	主城北片区	红云红河集团西片区	3 类区	6	0.5291					6	0.5291
34	主城北片区	中天城片区	2 类区		1.883				1.883		
35	主城北片区	西北二环防护绿地	1 类区	25	3.8868	25	3.8868				
36	主城北片区	长虫山片区绿地	2 类区	20	14.1958			20	14.1958		
37	西翥厂口片区	生态科研片区	3 类区	15	0.2632					15	0.2632
38	西翥厂口片区	生态居住片区	1 类区	12	0.1719	12	0.1719				
39	西翥厂口片区	商贸物流片区	2 类区	23	0.3882			23	0.3882		
40	西翥厂口片区	生态科技产业片区	3 类区	16	0.5508					16	0.5508
41	西翥落水洞片区	文化创意片区	2 类区	8	0.1427			8	0.1427		
42	西翥落水洞片区	养老养生片区	2 类区	20	0.282			20	0.282		

续表

序号	市/区	片区	最终分区结果	合计		1类区合计		2类区合计		3类区合计	
				数量/块	面积/km^2	数量/块	面积/km^2	数量/块	面积/km^2	数量/块	面积/km^2
43	西翥落水洞片区	度假休闲片区	2类区	17	0.1459			17	0.1459		
44	西翥落水洞片区	商贸旅游片区	2类区	28	0.658			28	0.658		
45	西翥桃园片区	桃园立交以南片区	2类区	35	1.743			35	1.743		
46	西翥桃园片区	桃园立交以北片区	2类区	17	2.4601			17	2.4601		
47	其他绿地和村庄		1类区		66.7381		66.7381				
合计				2081	134.1978	184	75.2215	1773	55.5822	70	3.3941

以GIS空间数据库为基础，利用空间分析与统计功能更直观地对城市用地现状单一的区域进行直接划分。针对混合用地区域，则根据单元内Ⅰ类用地和Ⅱ类用地的比例划分，如Ⅰ类用地包括居住用地（R类）、行政办公用地（A1类）、文化设施用地（A2类）、教育科研用地（A3类）、医疗卫生用地（A5类）、社会福利设施用地（A6类）、公园绿地（G1类）；Ⅱ类用地包括物流仓储用地（W类）和工业用地（M类）。Ⅰ类用地>70%划分为1类区；Ⅱ类用地>70%划分为3类区；Ⅰ类用地和Ⅱ类用地均小于70%划分为2类区。参照地理信息与实地调查数据完善矢量数据对应的属性表，完成声环境功能区划空间数据库的构建。

1类区适用于2类区、3类区、4类区以外区域，以居民住宅、医疗卫生、文化教育、科研设计、行政办公为主要功能，需要保持安静的区域。五华区分布有大量居民区、医疗卫生、文化教育、科研设计、行政办公区，1类区面积较大，本次声功能区划将五华区划分为47个片区，其中8个片区均为1类区，总面积89.42km^2。

2类区适用于以商业金融、集市贸易为主要功能，或者居住、商业、工业混杂，需要维护住宅安静的区域。本次依据区域总规，同时结合现状用地性质，共划分2类区34个片区，总面积41.39km^2。

3类区适用于以工业生产、仓储物流为主要功能，需要防止工业噪声对周围环境产生严重影响的区域。参照五华区总规及五华区“十三五”工业发展规划，本次区划将5个片区定为3类区，总面积3.39km^2。

4a类区为高速公路、一级公路、二级公路、城市快速路、城市主干路、城市次干路、城市轨道交通（地面段）、内河航道两侧一定距离范围内区域，如表3-4所示。五华区内主要交通场站（枢纽）共计14处，总面积1.1676km^2，统计结果如表3-4、表3-5所示。

表3-4　五华区4a类区交通线路一览表

<table>
<tr><th>线路编号</th><th>名称</th><th>道路等级</th><th>片区(起止点)</th><th>里程/m</th><th>相邻区距离要求/m</th><th>备注</th></tr>
<tr><td rowspan="3">1</td><td rowspan="3">昆禄公路/京昆线(G108)</td><td rowspan="3">国道</td><td rowspan="3">大普吉隧道出口，与西三环辅道交叉口</td><td rowspan="3">740</td><td>1类80</td><td rowspan="3">并依据道路两侧建筑确定</td></tr>
<tr><td>2类50</td></tr>
<tr><td>3类30</td></tr>
<tr><td rowspan="3">2</td><td rowspan="3">昆明绕城高速(S0501)</td><td rowspan="3">省道</td><td rowspan="3">大风垭口，昆明绕城高速五华区西边界点</td><td rowspan="3">6841</td><td>1类80</td><td rowspan="3">并依据道路两侧建筑确定</td></tr>
<tr><td>2类50</td></tr>
<tr><td>3类30</td></tr>
<tr><td rowspan="3">3</td><td rowspan="3">白龙潭至红云连接线</td><td rowspan="3">省道</td><td rowspan="3">白龙潭，与龙泉路交叉口</td><td rowspan="3">639</td><td>1类80</td><td rowspan="3">并依据道路两侧建筑确定</td></tr>
<tr><td>2类50</td></tr>
<tr><td>3类30</td></tr>
<tr><td rowspan="3">4</td><td rowspan="3">轿子雪山旅游专线</td><td rowspan="3">省道</td><td rowspan="3">斑鸠箐，普吉立交</td><td rowspan="3">20217</td><td>1类80</td><td rowspan="3">并依据道路两侧建筑确定</td></tr>
<tr><td>2类50</td></tr>
<tr><td>3类30</td></tr>
</table>

续表

线路编号	名称	道路等级	片区(起止点)	里程/m	相邻区距离要求/m	备注
5	昆武高速(G5)	高速公路	云南境盛建筑材料租赁有限公司，与海屯路交叉口	4964	1类 80	并依据道路两侧建筑确定
					2类 50	
					3类 30	
6	北出口高速	高速公路	五华区北界，桃园立交桥	5166	1类 80	并依据道路两侧建筑确定
					2类 50	
					3类 30	
7	长广高速	高速公路	桃沙连接线至桃园立交桥	1813	1类 80	并依据道路两侧建筑确定
					2类 50	
					3类 30	
8	西昌路	主干道	金碧路至西站立交	3640	1类 50	并依据道路两侧建筑确定
					2类 30	
					3类 20	
9	滇缅大道	主干道	民西路至黄土坡立交桥	3690	1类 50	并依据道路两侧建筑确定
					2类 30	
					3类 20	
10	普吉路	主干道	学府路口至北三环	6430	1类 50	并依据道路两侧建筑确定
					2类 30	
					3类 20	
11	一二一大街	主干道	龙泉路至西站立交	2034	1类 50	并依据道路两侧建筑确定
					2类 30	
					3类 20	

续表

线路编号	名称	道路等级	片区(起止点)	里程/m	相邻区距离要求/m	备注
12	人民西路	主干道	东风西路至二环西路	2848	1 类 50 2 类 30 3 类 20	并依据道路两侧建筑确定
13	人民中路	主干道	盘龙江至东风西路	1833	1 类 50 2 类 30 3 类 20	并依据道路两侧建筑确定
14	东风西路	主干道	昆师路至南太桥	2517.57	1 类 50 2 类 30 3 类 20	并依据道路两侧建筑确定
15	金碧路	主干道	青年路至环城西路	1710	1 类 50 2 类 30 3 类 20	并依据道路两侧建筑确定
16	学府路	主干道	小菜园立交桥至黄土坡立交桥	3690	1 类 50 2 类 30 3 类 20	并依据道路两侧建筑确定
17	龙泉路	主干道	小菜园立交桥至沣源路	9460	1 类 50 2 类 30 3 类 20	并依据道路两侧建筑确定
18	沙河北路	次干道	金川路至普吉路	1248	1 类 50 2 类 30 3 类 20	并依据道路两侧建筑确定

续表

线路编号	名称	道路等级	片区(起止点)	里程/m	相邻区距离要求/m	备注
19	筇王路	主干道	普吉路至西三环	2898	1类50 2类30 3类20	并依据道路两侧建筑确定
20	金川路	主干道	沙河北路至海屯路	1917	1类50 2类30 3类20	并依据道路两侧建筑确定
21	海屯路	主干道	二环北路至西三环	3152	1类50 2类30 3类20	并依据道路两侧建筑确定
22	建设路	主干道	一二一大街至苏家塘	1249	1类50 2类30 3类20	并依据道路两侧建筑确定
23	新闻路	次干道	东风西路至环城西路	1237	1类50 2类30 3类20	并依据道路两侧建筑确定
24	海源北路	次干道	高新第一小学至西三环交叉口	729	1类50 2类30 3类20	并依据道路两侧建筑确定
25	红锦路	次干道	霖雨路至红云路	1447	1类50 2类30 3类20	并依据道路两侧建筑确定

续表

线路编号	名称	道路等级	片区(起止点)	里程/m	相邻区距离要求/m	备注
26	红园路	次干道	盘江西路至龙泉路	1719	1类50	并依据道路两侧建筑确定
					2类30	
					3类20	
27	青年路	次干道	圆通街至金碧路	1826.5	1类50	并依据道路两侧建筑确定
					2类30	
					3类20	
28	圆通街	次干道	翠湖南路至青年路	831	1类50	并依据道路两侧建筑确定
					2类30	
					3类20	
29	教场中路	次干道	学府路至二环北路	1899	1类50	并依据道路两侧建筑确定
					2类30	
					3类20	
30	民院路	次干道	学府路至一二一大街	622	1类50	并依据道路两侧建筑确定
					2类30	
					3类20	
31	建设路	主干道	一二一大街至学府路	1249	1类50	并依据道路两侧建筑确定
					2类30	
					3类20	
32	茭菱路	次干道	二环西路至环城西路	1980	1类50	并依据道路两侧建筑确定
					2类30	
					3类20	

续表

线路编号	名称	道路等级	片区(起止点)	里程/m	相邻区距离要求/m	备注
33	西园北路	次干道	滇缅大道至人民西路	1170	1类50 2类30 3类20	并依据道路两侧建筑确定
34	科业路	次干道	二环西路至滇缅大道	650	1类50 2类30 3类20	并依据道路两侧建筑确定
35	白云路	次干道	教场东路至盘江西路	4703	1类50 2类30 3类20	并依据道路两侧建筑确定
36	大塘路	次干道	金川路至普吉路	1995	1类50 2类30 3类20	并依据道路两侧建筑确定
37	二环西路	城市快速路	明波立交桥至小屯立交桥	3077	1类80 2类50 3类30	并依据道路两侧建筑确定
38	二环北路	城市快速路	小屯立交桥至马村立交桥	5547	1类80 2类50 3类30	并依据道路两侧建筑确定
39	西三环	城市快速路	京昆高速至与滇缅大道	8467	1类80 2类50 3类30	并依据道路两侧建筑确定

续表

线路编号	名称	道路等级	片区(起止点)	里程/m	相邻区距离要求/m	备注
40	北三环	城市快速路	京昆高速至龙泉路	5949	1 类 80	并依据道路两侧建筑确定
					2 类 50	
					3 类 30	
41	云冶专线	主干道	与人民西路交叉口,盘龙江大桥	6398	1 类 50	并依据道路两侧建筑确定
					2 类 30	
					3 类 20	
42	北普米轨	主干道	北站至普坪村	8731.57	1 类 50	并依据道路两侧建筑确定
					2 类 30	
					3 类 20	

表 3-5　五华区交通场站（枢纽）基本情况一览表

编号	片区	数量	总占地面积/m^2	主要单位
1	西北片区交通枢纽用地	1	686517.2	规划交通枢纽站
2	五华区步行街片区	1	1502	停车场规划用地
3	昆都片区	1	3102	潘家湾公交车场
4	翠湖片区	2	5159	停车场规划用地
5	昆明动物园片区	3	7611	小菜园公交车场、停车场规划用地
6	云南师范大学片区	1	17799	西站公交车场
7	玖如堂片区	1	8117	巴士家园公交车场
8	昆明理工大学片区	1	1872	莲花池公交车场
9	昭宗片区	1	4460	规划用地
10	米轨以西片区	1	17737	海源寺车场
11	月牙塘、江东片区	2	78135	北市区公交车场
12	红云片区	3	23895	规划车场
13	西北二环防护绿地	3	65690	规划交通用地
14	落水洞文化创意片区	1	5485	
合计		22	1167645	

3.1.5 昆明市五华区声环境达标分析

五华区作为昆明主城重要的行政、居住、教育、文化、科研、办公集中区域，城市功能定位较为鲜明，区域重点培育服务业、总部经济、科教信息、生态旅游等特色产业，打造中央商务区、中央智力区、红云总部经济聚集区、昆明泛亚科技新城等功能组团。普吉片区、红云片区曾为工业集中地带，随着五华区以及昆明主城城市功能定位的不断调整，区域工业企业逐步退出，居住、商住、科研教学、城市综合服务功能区不断增加，本次区划新增 1 类区面积 89.42km^2，2 类区面积调整为 41.39km^2，3 类区面积调整为 3.39km^2，交通干线两侧执行 4a 类标准；根据表 3-6 达标性分析可知，五华区声环境现状基本可以达到现状声功能区划标准要求，由于新的区划按照区域控制性详细规划制定，区域按规划完成建设后，预计声环境质量会获得较大提升；但在此之前，在区划功能区的 1 类区，声环境功能达标仍存在较大问题；2 类、3 类、4 类声功能区通过采取一定噪声控制措施后可达性较高。因而依此区划，今后需大力加强 1 类区噪声污染防治工作。

基于五华区总体功能定位，新的声功能区划有利于区域声环境质量的大幅提升，有利于区域创建优良声环境功能示范区，有利于五华区整个社会生活环境的提升。但由于规划实施时限及内容具有不确定性，建议在区域用地功能发生调整前，仍然按原用地性质所对应的功能类别进行管理；规划调整后，各功能区内非功能区所适用类别的单位仍然按其适用声环境类别进行管理。

对于昆明主要道路沿线的声环境监测情况，交通线两侧声环境水平不容乐观，而主干道沿线又分布有大量居民点、学校等敏感区域，因而声环境控制形势较为严峻。长水机场及各大客运站、交通枢纽附近噪声较为突出，其中长水机场起降班次多，对空港片区声环境影响较为突出，目前尚无较为有效的噪声控制措施。根据昆明市第二次全国污染源普查数据，本次研究对噪声相对突出的 35 家重点企业进行了统计，并采用噪声功能区划期间的监测结果进行了声级分析，分析结果表明，各企业采

表 3-6 各片区达标分析一览表

序号	市/区	片区	现状功能类别	区划功能类别	面积/km^2	现状监测点对应编号	区域声功能现状/dB		现状达标情况		区划达标情况		可达性
							昼间	夜间	昼间	夜间	昼间	夜间	
1	主城二环以南片区	五华区步行街片区	2类	4类	0.7946	001-095	55.5	47.5	达标	达标	达标	达标	可达
			2类	2类		001-096	53.5	43.5	达标	达标	达标	达标	可达
			2类	2类		001-099	51.5	44.5	达标	达标	达标	达标	可达
			2类	2类		001-100	53.5	45.6	达标	达标	达标	达标	可达
2	主城二环以南片区	昆都片区	2类	2类	1.4479	001-093	56.2	46.8	达标	达标	达标	达标	可达
			2类	2类		001-098	54.8	44.4	达标	达标	达标	达标	可达
			2类	2类		001-097	53.1	42.6	达标	达标	达标	达标	可达
			2类	2类		001-101	56.3	44.8	达标	达标	达标	达标	可达
			2类	2类		001-102	54.5	39.3	达标	达标	达标	达标	可达
3	主城二环以南片区	翠湖片区	2类	2类	1.3377	001-091	55.2	48.6	达标	达标	达标	达标	可达
			2类	2类		001-092	52.7	44.7	达标	达标	达标	达标	可达
			2类	2类		001-082	53.2	42.5	达标	达标	达标	达标	可达
			2类	2类		001-089	49.9	40.5	达标	达标	达标	达标	可达
			2类	2类		001-090	53.3	41.7	达标	达标	达标	达标	可达
4	主城二环以南片区	昆明市体育馆片区	2类	2类	0.491	001-079	53.6		达标		达标		可达
			2类	2类		001-087	58.2	42.4	达标	达标	达标	达标	可达
			2类	2类		001-088	54.4	44.5	达标	达标	达标	达标	可达

续表

序号	市/区	片区	现状功能类别	区划功能类别	面积/km^2	现状监测点对应编号	区域声功能现状/dB		现状达标情况		区划达标情况		可达性
							昼间	夜间	昼间	夜间	昼间	夜间	
5	主城二环以南片区	圆通北路片区	2类	2类	0.5648	001-072	49.9	40.8	达标	达标	达标	达标	可达
			2类	2类		001-073	50.5	43.8	达标	达标	达标	达标	可达
			2类	2类		001-074	56.8	43.5	达标	达标	达标	达标	可达
			2类	2类		001-082	53.2	42.5	达标	达标	达标	达标	可达
6	主城二环以南片区	云南师范大学片区	2类	1类	0.4762	001-080	55.7		达标		1.30%		采取防控措施可达
7	主城二环以南片区	赵家堆片区	2类	2类	0.6689	001-077	54.6	42.3	达标	达标	达标	达标	可达
			2类	2类		001-078	50.7		达标		达标		可达
			2类	2类		001-086	55.9	45.5	达标	达标	达标	达标	可达
8	主城二环以南片区	春晖小区片区	2类	4类	0.4331	001-084	56.1	45.8	达标	达标	达标	达标	可达
			2类	2类		001-085	50.4	46.2	达标	达标	达标	达标	可达
9	主城二环以南片区	江岸小区片区	2类	2类	1.105	001-043	58.6	45.4	达标	达标	达标	达标	可达
			2类	2类		001-065	58.7	49.1	达标	达标	达标	达标	可达
10	主城二环以南片区	昆明理工大学片区	2类	1类	0.6282	001-054	55.5	35.9	达标	达标	0.90%	达标	采取防控措施可达
			2类	1类		001-062	52.8	44.8	达标	达标	达标	达标	可达
			2类	1类		001-063	48.8	41.8	达标	达标	达标	达标	可达
			2类	1类		001-064	50.8	43.9	达标	达标	达标	达标	可达
			2类	1类		001-070	48.6	42.9	达标	达标	达标	达标	可达
			2类	1类		001-071	51.6	45.5	达标	达标	达标	1.10%	采取防控措施可达

续表

序号	市/区	片区	现状功能类别	区划功能类别	面积/km²	现状监测点对应编号	区域声功能现状/dB		现状达标情况		区划达标情况		可达性
							昼间	夜间	昼间	夜间	昼间	夜间	
11	主城二环以南片区	盛世豪庭片区	2类	2类	0.9803	001-059	54.5	43.5	达标	达标	达标	达标	可达
			2类	2类		001-060	51.9	43.5	达标	达标	达标	达标	可达
			2类	2类		001-061	51.1	41.9	达标	达标	达标	达标	可达
			2类	2类		001-068	51.7	44.8	达标	达标	达标	达标	可达
			2类	2类		001-069	56.2	44.7	达标	达标	达标	达标	可达
12	主城二环以南片区	麻园片区	2类	4类	0.7099	001-058	57.8	47.7	达标	达标	达标	达标	可达
			2类	4类		001-067	50.8	44.6	达标	达标	达标	达标	可达
13	主城二环以南片区	金鼎科技园片区	2类	4类	1.3415	001-051	49.9	44.1	达标	达标	达标	达标	可达
			2类	2类		001-052	56.7	46.5	达标	达标	达标	达标	可达
14	主城二环以南片区	干警小区片区	2类	2类	0.63	001-038	53.9	46.7	达标	达标	达标	达标	可达
			2类	2类		001-047	48.2	40.9	达标	达标	达标	达标	可达
			2类	2类		001-053	54.4	40.5	达标	达标	达标	达标	可达
15	主城二环以南片区	云南警官学院片区	2类	1类	0.9522	001-036	55.8	44.8	达标	达标	1.50%	达标	采取防控措施可达
			2类	1类		001-045	48.8	38.3	达标	达标	达标	达标	可达

续表

序号	市/区	片区	现状功能类别	区划功能类别	面积/km^2	现状监测点对应编号	区域声功能现状/dB		现状达标情况		区划达标情况		可达性
							昼间	夜间	昼间	夜间	昼间	夜间	
16	主城二环以南片区	玖如堂片区	2类	2类	1.3723	001-020	52.5	46.9	达标	达标	达标	达标	可达
			2类	2类		001-042	55.7	48.5	达标	达标	达标	达标	可达
			2类	2类		001-049	51.6	41.5	达标	达标	达标	达标	可达
			2类	2类		001-055	55.8	44.8	达标	达标	达标	达标	可达
			2类	2类		001-056	54.2	44.5	达标	达标	达标	达标	可达
17	主城西北片区	眠山片区	3类	2类	1.1071	暂无	—	—	—	—	—	—	—
18	主城西北片区	昭宗片区	3类	2类	1.4592	002-095	55.9	49.6	达标	达标	达标	达标	可达
19	主城西北片区	团山片区	3类	2类	0.8494	002-096	61.5	44.8	达标	达标	2.50%	达标	采取防控措施可达
			3类	2类		002-097	58.9	46.9	达标	达标	达标	达标	可达
			3类	2类		002-098	56.9	47.8	达标	达标	达标	达标	可达
			3类	2类		002-099	58.9	50.5	达标	达标	达标	1%	采取防控措施可达
20	主城西北片区	黑林铺片区	3类	2类	0.9092	暂无	—	—	—	—	—	—	—

续表

序号	市/区	片区	现状功能类别	区划功能类别	面积/km^2	现状监测点对应编号	区域声功能现状/dB		现状达标情况		区划达标情况		可达性
							昼间	夜间	昼间	夜间	昼间	夜间	
21	主城西北片区	西城时代片区	3 类	2 类	0.9878	002-064	52.8	44	达标	达标	达标	达标	可达
			3 类	2 类		002-065	57.7	48.7	达标	达标	达标	达标	可达
			3 类	2 类		002-078	59.8	49.8	达标	达标	达标	达标	可达
			3 类	2 类		002-079	60.7	45.7	达标	达标	1.20%	达标	采取防控措施可达
22	主城西北片区	米轨以西片区	3 类	2 类	1.7504	002-001	55.6	49.5	达标	达标	达标	达标	可达
			3 类	2 类		002-002	55.9	46.8	达标	达标	达标	达标	可达
			3 类	2 类		002-003	57.3	44.2	达标	达标	达标	达标	可达
			3 类	2 类		002-004	55.2	46.8	达标	达标	达标	达标	可达
			3 类	2 类		002-011	59.9	49.9	达标	达标	达标	达标	可达
			3 类	2 类		002-012	59.7	49.5	达标	达标	达标	达标	可达
			3 类	2 类		002-049	58.4	45.7	达标	达标	达标	达标	可达
23	主城西北片区	普吉片区	3 类	2 类	1.6778	002-006	50.5	47.7	达标	达标	达标	达标	可达
			3 类	2 类		002-007	55.8	51.6	达标	达标	达标	达标	可达
			3 类	2 类		002-008	58.9	50.9	达标	达标	达标	达标	可达
			3 类	2 类		002-009	54.5	47.4	达标	达标	达标	达标	可达
			3 类	2 类		002-010	60.6	54.9	达标	达标	1.00%	达标	采取防控措施可达
			3 类	2 类		002-011	59.9	49.9	达标	达标	达标	达标	可达
			3 类	2 类		002-012	59.7	49.5	达标	达标	达标	达标	可达

续表

序号	市/区	片区	现状功能类别	区划功能类别	面积/km^2	现状监测点对应编号	区域声功能现状/dB		现状达标情况		区划达标情况		可达性
							昼间	夜间	昼间	夜间	昼间	夜间	
24	主城西北片区	陈家营片区	3类	2类	2.3504	002-005	58.8	45.9	达标	达标	达标	达标	可达
			3类	2类		002-050	59.2	46.8	达标	达标	达标	达标	可达
			3类	2类		002-051	57.1	46.4	达标	达标	达标	达标	可达
			3类	2类		002-052	58.5	48.9	达标	达标	达标	达标	可达
			3类	2类		002-053	61.3	46.7	达标	达标	2.17%	达标	采取防控措施可达
25	主城西北片区	王家桥片区	3类	2类	1.5703	002-016	61.5	51.6	达标	达标	2.50%	3.20%	采取防控措施可达
			3类	2类		002-017	55.3	49.6	达标	达标	达标	达标	可达
			3类	2类		002-018	59.9	46.9	达标	达标	达标	达标	可达
			3类	2类		002-025	56.7	49.7	达标	达标	达标	达标	可达
			3类	2类		002-026	63.5	49.8	达标	达标	5.83%	达标	采取防控措施可达
26	主城西北片区	云冶片区	3类	3类	1.3829	暂无	—	—	—	—	—	—	—
27	主城西北片区	垃圾处理厂片区	3类	2类	1.6515	暂无	—	—	—	—	—	—	—

续表

序号	市/区	片区	现状功能类别	区划功能类别	面积/km^2	现状监测点对应编号	区域声功能现状/dB		现状达标情况		区划达标情况		可达性
							昼间	夜间	昼间	夜间	昼间	夜间	
28	主城西北片区	十四冶片区	3类	2类	1.9823	001-031	55.8	46.9	达标	达标	达标	达标	可达
			3类	2类		001-032	59.5	43.7	达标	达标	达标	达标	可达
			3类	2类		001-067	50.8	44.6	达标	达标	达标	达标	可达
29	主城北片区	财经大学片区	2类	1类	2.3681	001-021	53.5	44.8	达标	达标	达标	达标	可达
			2类	1类		001-022	56.9	42.5	达标	达标	3.45%	达标	可达
			2类	1类		001-023	54.8	44.9	达标	达标	达标	达标	可达
			2类	1类		001-024	54.7	43.7	达标	达标	达标	达标	可达
			2类	1类		001-025	57.5	41.6	达标	达标	4.55%	达标	采取防控措施可达
			2类	1类		001-026	54.7	42.5	达标	达标	达标	达标	可达
30	主城北片区	月牙塘、江东片区	2类	2类	3.6729	001-016	55.6	42.6	达标	达标	达标	达标	可达
			2类	2类		001-018	55.6	41.8	达标	达标	达标	达标	可达
			2类	2类		001-019	52.6	44.6	达标	达标	达标	达标	可达
31	主城北片区	红云片区	2类	2类	1.8382	001-001	58.1	44.9	达标	达标	达标	达标	可达
			2类	2类		001-004	53.5	44.9	达标	达标	达标	达标	可达
			2类	2类		001-008	58.8	41.1	达标	达标	达标	达标	可达
32	主城北片区	红云红河集团东片区	3类	3类	0.6681	暂无	—	—	—	—	—	—	—
33	主城北片区	红云红河集团西片区	3类	3类	0.5291	暂无	—	—	—	—	—	—	—

续表

序号	市/区	片区	现状功能类别	区划功能类别	面积/km^2	现状监测点对应编号	区域声功能现状/dB		现状达标情况		区划达标情况		可达性
							昼间	夜间	昼间	夜间	昼间	夜间	
34	主城北片区	中天城片区	2类	2类	1.883	暂无	—	—	—	—	—	—	—
35	主城北片区	西北二环防护绿地	1类	1类	3.8868	001-029	55.4	44.4	0.73%	达标	0.73%	达标	采取防控措施可达
36	主城北片区	长虫山片区绿地	1类	1类	0.2632	暂无	—	—	—	—	—	—	—
37	西龚厂口片区	生态科研片区	1类	2类	0.1719	暂无	—	—	—	—	—	—	—
38	西龚厂口片区	生态居住片区	1类	1类	0.3882	暂无	—	—	—	—	—	—	—
39	西龚厂口片区	商贸物流片区	1类	2类	0.5508	暂无	—	—	—	—	—	—	—
40	西龚厂口片区	生态科技产业片区	1类	3类	0.1427	暂无	—	—	—	—	—	—	—
41	西龚落水洞片区	文化创意片区	1类	1类	0.282	暂无	—	—	—	—	—	—	—
42	西龚落水洞片区	养老养生片区	1类	2类	0.1459	暂无	—	—	—	—	—	—	—
43	西龚落水洞片区	度假休闲片区	1类	2类	0.658	暂无	—	—	—	—	—	—	—
44	西龚落水洞片区	商贸旅游片区	1类	2类	1.743	暂无	—	—	—	—	—	—	—
45	西龚桃园片区	桃园立交以南片区	1类	2类	2.4601	暂无	—	—	—	—	—	—	—
46	西龚桃园片区	桃园立交以北片区	1类	2类	0.2632	暂无	—	—	—	—	—	—	—
47	其他绿地和村庄	其他绿地和村庄	1类	1类	66.7381	暂无	—	—	—	—	—	—	—

取不同程度声环境控制措施后，部分厂界达标，部分受企业生产噪声及交通噪声等影响，声环境质量没有达到功能区标准。

3.1.6 昆明市五华区噪声防治措施及监管建议

3.1.6.1 五华区噪声污染防治措施

(1) 城市建设依规实施，加强声功能区管控

按照五华区的城市定位，按照产业高端的发展思路，以区域骨干道路为依托，培育现代服务业、总部经济、科教信息、生态旅游四大特色经济产业轴带，并在轴带上，每个组团内部培育多个产业功能聚集、投入产出集中、资源利用高效的小型特色功能聚集区，形成大团带小团的区域功能系统建设发展模式，实现功能组团内外联动、功能互补、资源共享、和谐发展的生产力布局，有效聚集先进生产要素，承载高端生产和服务职能，优化产业空间布局，整体形成“三带四团七街区”的产业布局结构。

本次功能区划主要基于《昆明市五华区（主城部分）控制性详细规划梳理》、《昆明五华西翥桃园片区控制性详细规划（2011—2030）》、《昆明五华西翥落水洞片区控制性详细规划（2011—2030）》、《昆明五华西翥厂口片区控制性详细规划（2011—2030）》，并结合区域发展现状及趋势制定。

五华区发展建设需依规实施，从而确保符合本次功能区划，以及确保各声功能区环境质量的改善及提升，保障功能区声环境质量达标。

按照GB 3096—2008《声环境质量标准》各类型声环境功能区要求，1类区以居民住宅、医疗卫生、文化教育、科研设计、行政办公为主，需要保持安静。根据五华区的功能定位，本次区划划定的1类区范围最大。在本次划定的声功能1类区范围内康复疗养区等特别需要安静的区域，符合0类功能区的对象按0类区实施管理；区内商住混杂、商业区等符合2类功能区的对象按2类区实施管理；工业、仓

储物流等符合3类功能区的对象按3类区实施管理；交通枢纽、交通主次干道等符合4类功能区的对象按4类区实施管理。但1类区总体应以保障区域环境安静，给区域创造优良的居住、办公环境为宗旨，合理规划，调整片区功能定位。

按照GB 3096—2008《声环境质量标准》，2类区以商业金融、集市贸易为主要功能，或者居住、商业、工业混杂，需要维护住宅安静。五华区作为主城重要的居住、商贸区域，本次划定的2类区范围较大。在本次划定的声功能2类区范围内康复疗养区等特别需要安静的区域，符合0类功能区的对象按0类区实施管理；区内声功能2类区范围内的居民住宅、医疗卫生、文化教育、科研设计、行政办公等符合1类功能区的对象按1类区实施管理；工业、仓储物流等符合3类功能区的对象按3类区实施管理；交通枢纽、交通主次干道等符合4类功能区的对象按4类区实施管理。2类区需维护住宅等敏感区域安静，混杂区应加强噪声防治与管理，从而进一步降低区域噪声。

按照GB 3096—2008《声环境质量标准》，3类区是以工业生产、仓储物流为主要功能，需要防止工业噪声对周围环境产生严重影响的区域。随着片区工业项目的不断退出，结合片区规划，本次划定的3类区范围较小，主要分布在西翥厂口片区。在本次划定的声功能3类区范围内康复疗养区等特别需要安静的区域，符合0类功能区的对象按0类区实施管理；区内声功能2类区范围内的居民住宅、医疗卫生、文化教育、科研设计、行政办公等符合1类功能区的对象按1类区实施管理；区内商住混杂、商业区等符合2类功能区的对象按2类区实施管理；交通枢纽、交通主次干道等符合4类功能区的对象按4类区实施管理。3类区需要加强对外环境的防护，采取措施降低工业、仓储等企业噪声源强。

根据GB 3096—2008《声环境质量标准》4a、4b类区域的分类规定，交通干线两侧各功能区有不同的距离控制要求。在城市规划建设过程中，为保障区域居民生活质量，提升声环境质量及水平，各类型敏感建筑应依规退让，具体可参考《昆明市城市规划管理技术规定》。

（2）优化产业格局，持续推进“退二进三”

根据对五华区土地利用现状的分析，五华主城西北部普吉片区、北部红云片区、西翥桃园片区曾有大量工业企业分布，包括云铜、云冶、玻璃厂、汽车厂、垃圾焚烧发电厂、红云红河集团、各类型家具厂、屠宰厂等，根据《昆明市噪声功能区划2011—2015》，普吉-黑林铺片区为主城6个3类功能区之一，区划面积约16.88km^2，东边界为云南冶炼厂东边界—沙河北路—沙河路—王筑路—铁路—海屯路—二环西路，南边界为人民西路，西边界为西三环，北边界为北三环。根据《昆明市五华区（主城部分）控制性详细规划梳理》，五华区西北片区工业将逐步退出，普吉-黑林铺片区规划为以商住、商贸、科研、教育、办公、总部经济为主的泛亚科技新城，工业功能得以调整，因此本次区划工作依据上述规划，将原划定的3类功能区域调整为2类，但现阶段区内工业企业仍按3类功能区进行管理。

区划时限内，五华区持续加大“退二进三”、工业项目入园等产业升级项目，除总部经济、北片区红云红河集团等少量工业用地外，实施五华区工业企业（按规划需退出的）搬迁，完成用地功能转换，从而完成区划功能目标。

（3）加强产业引导，优化功能区布局

根据各类声功能区创建及发展需求，同一功能区不同项目之间应加强协调配置，起到良好的噪声防护与消减功能。

① 1类区以居民住宅、医疗卫生、文化教育、科研设计、行政办公为主，区内商业、商住区域应注意维护区域声环境质量；现阶段区域内仍然存在的工业、仓储物流等项目应逐步退出，在此之前应加强企业噪声管理，必要时设置相应的屏蔽、防护措施；加强周边道路噪声防治，减轻对该区敏感性目标的影响。

② 2类区以商业金融、集市贸易为主，引进大型、中型商业、餐饮、娱乐等项目应合理规划布局，符合《中华人民共和国噪声污染防治法》《昆明市环境噪声污染防治管理办法》《娱乐场所管理条例》等

相关规定。

③ 3 类区以区域声功能达标，不降低周边声环境功能区环境质量为目标，加强噪声污染防治工作研究与实施，并设立必要的防护带；对 3 类功能区的居民住宅、医疗卫生、文化教育、科研设计、行政办公、商住等区域应加强声环境保护措施。

④ 4 类区的规划与建设除整个片区的路网规划要求，应尽量避让 1、2 类功能区核心保护区域，采取设立绿化隔离带、优化路面设计、实施噪声屏蔽以减少对敏感目标的影响。

3.1.6.2 五华区声环境健康监管建议

(1) 持续推进“噪声达标区”创建

在声环境功能区划的基础上，开展“噪声达标区”的建设工作，提高声环境质量，保障城市居民正常生活、学习和工作场所的安静，为促进城市环境噪声管理及噪声治理提供有利条件。“噪声达标区”的建设和管理，严格按“噪声达标区”的要求执行。

(2) 继续开展“宁静小区”创建工作

在噪声达标区内开展“宁静小区”创建活动，成立“宁静小区”工作组，设立主要负责人，建立目标责任制，并做好相应的后勤工作，更好地达到规划目标创建工作并维持安静环境；小区变（配）电设施、电梯、水泵等公用设施要采取减噪措施；小区居民室内装修要控制作业时间避免噪声扰民；小区居民在室内播放音乐、演奏乐器及各类群众性文体活动适当控制音量；小区内禁止设置高音喇叭和机动车鸣笛，摩托车夜间进出小区应熄火推行；采取防止饲养宠物产生噪声扰民的措施。

(3) 加强建设项目审批管理

噪声功能区划是在结合城市用地现状及规划的基础上进行的，对于在 1、2 类区范围内新建的项目，应严格审批，避免在文教、居住设施旁，建立噪声污染源。对于在 3 类区中原已存在的文教、居住区旁新建项目，应严格审批，尽量使噪声源远离文教、居住区。

(4) 完善噪声投诉与处理工作机制

根据昆明市环境噪声监督职责，在相关部门内部设立噪声投诉热线与监督处理机构，设专人专职，根据各相关部门权责，制定行之有效的处理办法，让市民不用区分噪声类别，即工业噪声、建筑施工噪声、交通运输噪声和社会生活噪声，直接与相应监管部门联系，就可以在最短的时间内使问题得到妥善解决。

(5) 完善交通设施建设，提倡绿色出行

近年，随着昆明市机动车保有量激增，道路拥堵情况不断加剧，交通噪声污染压力不断增大。为保障公众出行便利，减轻交通拥堵所产生噪声的污染，应大力发展以城区轨道交通、公交为主的交通方式，加大道路建设力度，发展新区建设，减轻目前主城区居住、交通压力，开展“无车日”宣传活动，提倡绿色出行，以减轻交通噪声污染程度。

(6) 制定噪声污染专项规划

结合片区噪声污染现状，制定噪声污染防治专项规划，通过规划的实施，要求各功能区达到国家规定标准，工业噪声、建筑施工噪声、交通噪声、社会生活噪声污染得到有效控制，城市声环境质量有所改善，噪声扰民问题明显缓解，为人民群众营造舒适、安静的生活环境和工作环境，保障广大市民的身体健康。

(7) 鼓励噪声污染防治技术研究与推广

鼓励企业、科研事业单位开展噪声污染防治新技术研究，并为其有效新技术的推广提供支持，为五华区创建声环境优良示范区提供良好的条件与支撑。

3.1.7　噪声环境健康风险

依据监测数据中的信息，该地区的二类区域平均昼夜噪声水平

(L_{eq}) 为 54.1dB(A)，三类区域平均昼夜噪声水平 (L_{eq}) 为 56dB(A)。分析表明，该地区的噪声污染已经超过了一般的安全水平。在这种环境下，人们的听力系统会受到不同程度的影响。根据世界卫生组织（WHO）的标准，长期暴露在 40～60dB(A) 的噪声环境中，可能会导致短期或长期的听力损失。

根据 WHO 听力分级标准，听力损失分为以下 4 个等级：

① 无听力损失（normal hearing）。听阈在 20dB 以下。个体可以正常听到一般声音，并能正常参与语音交流。

② 轻度听力损失（mild hearing loss）。听阈在 21～40dB 之间。个体可能会有轻微听觉困难，需要稍微增加声音的音量才能听到特别安静的声音。

③ 中度听力损失（moderate hearing loss）。听阈在 41～70dB 之间。个体在正常交流中需要相对较高的音量才能听到声音，并且可能会错过一些语音细节。

④ 重度以及极重度听力损失（severe to profound hearing loss）。听阈在 71dB HL 以上。个体无法听到常规音量的声音，只能听到非常响亮的声音，对语音交流影响较大。

在评估噪声污染对特定环境健康风险过程中，听力损失的年发生率为一定时间内新增的听力损失病例数占该时间段内总人口数的比例。具体来说，这个比例反映了每年每千人中新增的听力损失病例数。例如，如果一年内新增了 1000 例听力损失病例，而该年度总人口数为 100 万，那么这一年的听力损失年发生率就是 1/1000，即千分之一。在 54.1dB(A) 的噪声水平下，可以通过 HQ 的公式来计算这一水平的噪声对听力损失的年风险。

HQ 的计算公式为：

$$HQ=(\text{听力损失年发生率}\times\text{暴露水平})/\text{正常水平}$$

式中，“听力损失年发生率”是指在该噪声水平下，该年度该区域总人口中发生听力损失的人数与该年度该区域总人口数之比；“暴露水平”是指该地区的平均噪声水平；“正常水平”是指不导致健康不良事件的暴露水平。

假设“听力损失年发生率”为0.001，“暴露水平”为54.1dB(A)，“正常水平”为40dB(A)，可以得到HQ的具体数值为0.0013525。

通过上述HQ的计算，可以得到该地区的噪声污染对听力损失的年风险。如果这个值较高，说明噪声污染对人体健康的影响是显著的，需要政府和公众的高度关注。

HQ的计算结果可以为政策制定者提供数据支持，制定相应的减噪措施，例如增加城市绿化、改善交通管理、优化噪声控制设施等，以降低噪声污染的风险，从而改善公众的生活质量和健康状况。同时，公众也应提高自身的防护意识，减少噪声暴露的机会，保护个人的听力和心理健康。

3.2 噪声污染防治对策及建议

3.2.1 噪声污染防治措施

根据各类声环境功能区创建及发展的需求，同一功能区与不同项目之间应加强协调配置，起到良好的噪声防护与消减功能。

1类区以居民住宅、科研设计、医疗卫生、文化教育、行政办公为主，区内的商业、商住区域需要注意维护区域声环境质量，应加强企业噪声管理，现阶段应逐步退出研究区域内存在的工业、仓储物流等项目，必要时还需加强周边道路噪声防治，减轻对该区敏感性目标的影响，并设置相应的屏蔽以及防护措施。

2类区主要以集市贸易、商业金融为主，引进的大型、中型商业、餐饮、娱乐等项目应合理规划布局，需符合《中华人民共和国噪声污染防治法》《昆明市环境噪声污染防治管理办法》《娱乐场所管理条例》等法律法规要求。

3类区以区域声功能达标为主，在不降低周边声环境功能区环境质量的前提下，加强噪声污染防治工作研究与实施，并设立必要的防护带，并加强对3类功能区居民住宅、医疗卫生、文化教育、行政办公、科研设计等区域的声环境保护措施。

4类区的规划与建设除片区的路网规划要求，应尽量避让1、2类功能区的核心保护区域，并采取优化路面设计、设立绿化隔离带、实施噪声屏蔽以减少对敏感目标的影响。

3.2.2 噪声污染防治策略

主要的声环境控制措施包括交通噪声防治策略、商业及社会活动噪声防治策略、工业噪声防治策略、建筑施工及其他机械噪声防治策略等。

3.2.2.1 交通噪声防治策略

（1）加快区域路网建设，完善交通管理法规

按照城市总体规划要求，加快中心城区道路设施建设、改造，完善道路交通网络，以提高道路利用率，分散车流量，降低道路车辆密度，预防交通拥挤。健全交通管理法规，交通监督管理部门应对现有的限速、禁鸣喇叭、人车分流路段加强管理，新增限速、禁鸣喇叭人车分流路线，严格规定大型车、载重汽车和高噪声车辆的行驶时间和路线。严禁拖拉机、载客三轮摩托车进入中心城区。提高车辆新增门槛，鼓励使用低噪声车辆，加强车辆年检工作，淘汰超期服役车辆，加大公交车更新力度，推广使用低噪声的公交车。

（2）因地制宜分类处理，针对性采取降噪措施

① 针对居民密集区和交通流量较大区，采取降噪措施，在主要的主干路、环线、快速路以及噪声污染较大的干线上建设声屏障；新建轨道交通、高速公路、快速路等项目按环评批复要求，采取建设声屏障、隔声窗、减振扣件、梯形轨枕、减振垫等措施。针对不同区域建议开展专题研究，制定专门污染防控策略。

② 先有房后建路的情况，建设和营运单位负责落实道路交通噪

声污染防治措施，环保、规划、建设、交通等部门按职责加强监督管理。新建道路在经过已有的噪声敏感建筑物集中区域时，应当采取有效的噪声污染防治措施。对规划设计方案、工程设计方案、初步设计中未确定有效噪声污染防治措施的新建、改建、扩建的城市道路建设项目，规划部门不予办理规划许可证。

③ 先有房后建房的情况，建设单位应当按照国家规定，采取传播途径控制、建筑隔声防护等措施，通过对周边敏感建筑物安装隔声屏障、隔声窗，加强路面维护，加强交通管理等措施控制道路交通噪声。

(3) 加强道路交通管理，控制交通噪声污染

① 在用机动车辆噪声应当达到国家规定的在用机动车辆噪声限值。在用机动车辆消声器及其他防治噪声污染的设备必须保证正常、有效使用，禁止改装、拆除或闲置。除特种车辆外禁止安装外挂式音响设备。

② 在居民住宅小区附近，规定夜间限制车辆通行的路段、时段或速度，以减少交通噪声的影响。在噪声敏感建筑物集中区域根据需要划定禁鸣区域。

③ 根据声功能区和噪声敏感区划分，设置机动车停车场、候车站的，应当合理选择位置或采取有效措施，减少噪声对周围环境的影响。

(4) 推进科技创新执法，提高噪声污染防治能力建设

创新执法模式，充分采用先进技术，将执法模式由现场执法为辅升级为非现场执法的模式，如利用“违法鸣号现场查处辅助系统”，利用电子系统检测声源，并能拍摄违法鸣号的车牌进行实时公布，对严管严控机动车违法鸣号起到了很好的震慑作用。在新建和道路改造时修筑降噪路面，国外研究资料表明，根据表面层厚度、使用时间、使用条件及养护状况的不同，与普通的沥青混凝土路面相比，此种路面可降低交通噪声 3～8dB（A）；同时严格按规划实施绿化，绿化带

宽度尽量大于10m，根据区域自然气候特点，选择枝叶繁茂、生长迅速的常绿植物，乔、灌、草合理搭配密植，达到吸纳声波，降低噪声的作用。

(5) 实施专项整治，防治航空轨道噪声

① 借鉴外省经验，制定轨道车和航空噪声治理相关法律法规，严格噪声防控标准；环保局与铁路局和航空局联动，落实各方责任，协同治理。

② 制定限制机车鸣笛噪声扰民措施，与铁路管理部门协调配合，在不影响轨道车正常运行情况下尽量减少鸣笛，并减少预防性鸣笛，专人防守铁路线网；使用新设计定型的重型车型，减少噪声产生。

③ 航空应合理安排起降航线，避免在居民集中区上空飞越；合理分散使用各个升降跑道，建立优先不扰民跑道用于大型飞机和夜间飞行；采取降噪措施，加大技术研究，制造噪声小的飞机；优化设计飞机助飞道路材料研究，采用低噪声材料。

④ 航空噪声是影响空港经济区声环境现状的主要原因，应加强机场隔音设备的建设，包括绿化带的建设；合理规划机场与居民区距离，合理配置公交车减小机场周围路上车流量，并设置警示牌禁止车辆在居民集中区鸣笛；采用低噪声材料修建机场周围道路。

3.2.2.2 商业及社会活动噪声防治策略

结合《昆明市噪声污染防治管理办法》《娱乐场所管理条例》，参考国外及省外市民噪声污染防控公约等，提出建立适合昆明城市实际的社会生活噪声防治公约。

(1) 部门联动，综合治理

加强环保局与城管、公安、工商、文化、建设、园林等相关部门的配合，明确各部门职责，分工合作，共同推进商业及社会活动噪声防治。

(2) 明确功能区要求，严格落实责任

根据各声环境功能区的标准限值要求，制定噪声目标，按照法律法规严格执法，并对不达标区域制定专项防治措施。避免在1、2类区的居住设施周围新建噪声污染源；对于在3类区中原已存在的文教、居住区旁新建项目，应严格审批，尽量使噪声源远离文教、居住区。明确各方责任（包括城管和居委会等部门职责），将噪声防控纳入考核体系，成立督查小组不定期进行核查。

(3) 严格准入门槛，控制新增声污染源

新申办娱乐设施、经营性饮食服务等，应符合《中华人民共和国噪声污染防治法》《昆明市环境噪声污染防治管理办法》《娱乐场所管理条例》等相关规定，不允许在可能干扰学校、医院、机关正常学习、工作秩序的地点设立。新建或规划居民住宅小区时，应当严格按照规划用地进行选址，在建设期间必须严格执行国家规定的建筑施工场界噪声标准要求，并且应当设置合理的噪声隔离绿化带、停车区域、休闲广场等。制定小区宠物饲养办法规定，最大限度减少或者避免噪声污染对小区居民的影响。

(4) 加强管理，严格执法

加强管理力度，禁止任何单位和个人在城镇城区噪声敏感建筑物集中区域内使用高音喇叭；禁止在商业活动中使用高音喇叭或其他发出高噪声的方法招揽顾客；禁止在城市市区道路、广场、公园等公共场所组织的娱乐、集会等活动中使用音量过大、严重干扰周围生活环境的音响器材。对各种娱乐设施、商业网点音响、营业性饮食服务等场所，必须采取有效的防治环境噪声污染的措施，使其边界噪声达到国家规定的环境噪声排放标准。对于违规行为，严格执法，并接受公众监督。

(5) 加强绿化工作，扩大绿化面积

加强绿化工作，扩大绿化面积，充分利用道路两旁、河流两岸，建筑物周围，公共娱乐场所等空隙地带，种植花草树木，既能美化环境、净化空气，又可达到防尘降噪的目的。建立噪声达标区，并制定管理规章。多渠道融资，增加绿化投入，可建设主题公园，丰富人们精神生活，也有利于建设城市花园。创新机制，鼓励民众加入绿化行动，自主认领种植树木，增加绿化面积。

（6）实施专项整治，创建安静居住小区

根据民众反映，成立整治小组解决突出噪声污染问题。对于噪声产生集中区，如闹市和夜市，严格规定限制声级，增加噪声监控设备，联网及时进行公布，并严格限制夜间营业时间，减少对周围居民的噪声影响。针对广场舞的污染，安装噪声监测装置，安排人员在早中晚高峰时间进行巡视，若发现超过额定分贝，进行警告；试点对广场舞和音乐固定源登记造册，并集合团队负责人开会、约谈，签订文明健身承诺书。在噪声达标区内开展"宁静小区"创建活动，成立"宁静小区"工作组，设立主要负责人，建立目标责任制，逐渐扩展"宁静小区"建设范围。

（7）拓宽监督渠道，鼓励全民参与

加大环境保护宣传力度，提高全民的环境意识，发动公众参与保护环境的监督管理工作，开展活动收集群众意见，集合众人意见共同处理噪声问题。建立噪声举报热线、网站以及 APP，及时处理民众反映问题，处理后将结果公布于官方网站接受群众监督，并采取网络调查卷访问群众对处理结果的满意度及后续工作的建议。

3.2.2.3 工业噪声防治策略

从宏观方面提出不同工业类型的噪声防治措施，同时针对昆明市重点工业噪声源，提出空间管控、传输路径控制、保护目标防护、声源管控及降噪措施。

（1）完善声功能区划分，优化产业空间布局

完善昆明市声功能区的划分，明确各功能区声级标准，便于分类针对性地制定专项噪声防控措施。新建工厂和原工厂迁移时充分考虑工厂噪声的产生和声功能区标准之间的关系，尽量避开声功能敏感区

域和居民文教密集区，将噪声影响降到最低。在郊区人口稀少处建立噪声企业集中园区，集中生产降低对人群的影响，对于噪声产生量很大的工作，优先考虑集中运作。对于居住集中区的噪声企业生产，优化企业内部空间布局，尽量将噪声源安置在居住集中区的一侧，尽量降低影响。

(2) 严格管控新增噪声污染源

对新建、扩建、改建的项目要严格将防治噪声污染纳入环境影响评价和“三同时”内容，环境噪声污染防治设施必须与主体工程同时设计、同时施工、同时投产使用。禁止在医疗区、文教科研区、机关办公区、居民住宅区，以及风景名胜区、自然保护区等区域内新建、扩建产生噪声的工业企业，从事机械加工、汽车维修等产生噪声污染的经营活动。

(3) 加强声源管控，强化途径降噪

鼓励企业采用低噪声的机械和生产流程，可适当给予补助（包括电费和税费减免方式）督促其使用；产生环境噪声污染的工业企业，必须保证防治环境噪声污染的设施正常使用，应当采取有效措施，对设备进行合理布局，减轻环境噪声污染，减少噪声对周围环境的影响，达到工业企业厂界噪声排放标准。在噪声工业集中区周围增加绿化面积，采取新兴技术在传播途径上降低噪声。

(4) 保护敏感人群

对于受影响较大的人群，制定专项保护，政府和企业向其提供防护耳塞、防声棉、耳罩等。选择代表开会协商，充分考虑受影响人群的建议实施过程改进，也可协商考虑经济补偿。合理布局噪声敏感区中的建筑物功能和合理调整建筑物平面布局。

(5) 加强监管，群众监督

对扰民建设工地，落实情况，依法进行惩处，创新建立“信用体系”，将违规产生噪声的情况公示，接受群众监督。建立投诉渠道，设立专人及时处理投诉问题，将群众投诉率纳入绩效考核。

3.2.2.4 建筑施工及其他机械噪声防治策略

针对昆明城市建设项目噪声污染及投诉集中的问题，提出针对性的控制措施。

① 建设项目施工前依法进行申报管理，将噪声防控纳入“信用体系”，审核其实施方案，明确施工过程中使用设备，淘汰噪声严重不达标的设备，督促其优先使用低噪声的施工技术和机械设备；对于施工中使用的高噪声机械设备，向当地环保部门提出申请报批并办理有关手续后，采取有效措施，把噪声污染减少到最低程度，方可进行施工作业。提交噪声防控方案，明确施工时间和噪声防控方法，将噪声影响减到最小。施工前开展环境保护知识的宣传教育，提高施工作业人员的环保意识。

② 施工过程中城建监督部门应加强对施工单位的管理工作，确保其采取有效的噪声污染防治措施，并安装噪声监测器，进行实时公布，设立投诉热线，便于群众监督。制定防治施工噪声污染的工地现场管理制度并公告，并把固定源噪声布置在远离居民一侧，尽可能减轻噪声对周围环境的影响。在规定施工时间外安排人员进行巡查，切实保障民众日常正常生活；若因混凝土浇灌、桩基冲孔、钻孔桩成型等连续作业必须进行夜间施工的，必须提前向工程所在地建设行政主管部门提出申请，取得夜间施工许可证后方可施工，并采取有效措施减少噪声污染。取得夜间施工许可证的施工单位，应当在夜间施工开始前3日以上向当地居民公告，并在施工场地边界设置公告牌。公告内容包括：夜间施工起止时间、施工内容、工地负责人及其联系方式、投诉渠道。

③ 噪声敏感建筑物集中区域内，禁止在夜间进行混凝土浇筑振捣、使用大型机械、材料切割、吊装作业、土石方工程、物料装卸、拆装模板及其他产生噪声污染的施工作业（抢修、抢险作业或特殊需要必须连续作业的除外）；主城建成区内，禁止在12时至14时、22时至次日6时进行建筑施工作业，但抢修、抢险作业和因混凝土浇

灌、桩基冲孔、钻孔桩成型等生产工艺需要连续作业的除外。其他禁止建筑施工作业的区域和时间，由各县（市）区人民政府决定，并向社会公告；在中考、高考期间以及市人民政府规定的特殊时期内，除抢修、抢险外，禁止在规定的时间内从事产生噪声污染的建设施工作业。

3.2.2.5 其他措施

根据昆明市九个区噪声监测结果可知，三类功能区的监测点位较少，部分三类功能区无监测点，应增设噪声监测点，实时监控噪声，为三类区噪声污染防控提供基础。

3.2.3 声环境监管建议

基于声环境功能区划，建设“噪声达标区”，改善声环境质量，为城市居民打造一个正常生活、工作和学习的安静环境，为促进城市环境噪声管理及噪声治理提供有利条件。建设和管理“噪声达标区”，必须严格按相关要求执行。

声环境功能区划以结合城市用地现状及规划为基础实施的，针对在1、2类区范围内新建的项目，应严格审批程序，避免项目建设在文化教育、居住设施旁；针对在3类区范围内原已存在的文化教育、居住区旁新建设的项目，也应严格进行审批，并尽量使噪声污染源远离文化教育区或居住区。

根据昆明市环境噪声监督职责要求，可以在相关部门的内部设立噪声污染投诉热线与监督处理机构，设专人专职，根据各相关部门权责，统筹兼顾制定行之有效的处理办法，让市民免去区分噪声类别的困扰，直接与相应监管部门联系，就可以在最短的时间内使问题得到妥善解决。

近年来，昆明市机动车数量与日俱增，道路拥堵情况越演越烈，交通噪声污染治理压力持续增大。为方便公众出行，减少因交通拥堵所产生的噪声污染，应该努力倡导以城区轨道交通、公交为主的交通方式，加大相关设施及道路建设力度，积极发展新区建设，减轻主城区居住、交通压力，大力开展“无车日”宣传活动，鼓励市民绿色出行，不断减轻交通噪声污染程度。

根据片区的噪声污染现状，编制噪声污染防治专项规划，通过实施规划，各功能区须达到国家规定标准，有效控制社会生活噪声、交通噪声、工业噪声及建筑施工噪声污染，进一步改善城市声环境质量，噪声扰民问题得到明显缓解，为人民群众提供舒适安静的生活和工作环境。

3.3 声环境信息化平台设计

自十八大以来，环境保护的重要性已被推向一个前所未有的新高度。与此同时，在信息与大数据时代的浪潮中，“互联网＋”模式正不断渗透至环境保护的各个领域，为环保工作带来新的机遇与挑战。构建一个数据平台，被视为打赢污染防治攻坚战、构建生态文明体系的关键策略。大数据平台不仅能为污染控制提供更加精确的数据支撑，提升治理的科学性，还能预测环境质量的变化趋势，为环境污染治理模式从末端治理向预防为主、源头防治的转变提供强有力的支持。

昆明市“数字环保”建设已迈入“智慧环保”新阶段。一个由基础应用、延伸应用、高级应用和战略应用构成的多层次环保监控管理平台集成系统正逐步成型并完善。环境质量预测预报、污染源平面显示管理、污染源异动跟踪报警、污染事故应急处理、环保业务管理、环境决策支持等多个模块和系统正在逐步建立和完善，为昆明市的环境保护工作提供了坚实的技术支撑。紧随“智慧环保”的发展趋势，建立并完善噪声污染防控体系，对于进一步提升环境保护工作的整体水平具有重要意义。噪声污染，作为一种常见的环境污染形式，对居民的生活质量和身体健康产生着不可忽视的影响。因此，加强噪声污染的防控工作是提升城市环境质量、保障居民健康权益的重要举措。

随着大数据时代的来临，昆明市的噪声防控体系也亟须与时俱进，朝着数据化、信息化、智能化的方向发展，为昆明市的生态文明建设提供有力支持。近年来，昆明在各类噪声的防治方面均付出了大量努力，但仍未形成系统及全方位覆盖的防控体系。因此，结合片区内噪声污染的现状，通过制定噪声污染防治的专项规划，构建声环境信息化平台，并要求各功能区达到国家规定的标准，显得尤为迫切和重要。

声环境信息化平台的设计与建设将是一项复杂而系统的工程。首先，需要对昆明市内的噪声污染现状进行全面的调查和评估，涵盖交通噪声、工业噪声、建筑施工噪声、社会生活噪声等各个方面。通过收集和分析大量的噪声数据，可以更加准确地了解噪声污染的分布情况、主要来源以及对居民生活的影响程度。在收集到充足的噪声数据后，下一步是建立声环境数据库和数据分析平台。这些数据库和分析平台将用于存储、管理和分析噪声数据，为后续的噪声污染防治工作提供数据支持。借助大数据分析技术，可以深入挖掘噪声污染的时空分布规律、主要影响因素以及噪声与居民健康之间的关联等有价值的信息。基于声环境数据库和数据分析平台，可以进一步研发噪声预测和模拟系统。这些系统可以利用先进的数学模型和算法，对噪声污染的未来发展趋势进行预测和模拟，为制定更加科学、合理的噪声污染防治规划提供有力依据。同时，还可以利用这些系统对不同的噪声防控方案进行效果评估和优化，以确保所选方案的有效性和可行性。

在声环境信息化平台的建设过程中，还需要注重数据的共享和开放。数据资源被视为基础性的战略资源，是新的生产资料和生产工具，是推动经济社会转型发展的新动力。因此，应积极推动噪声数据的整合共享和开放开发，让更多的科研机构、企业参与到噪声污染的防治工作中来。通过数据的共享和开放，可以促进噪声污染防治技术的创新和进步，推动噪声污染防控体系的不断完善和发展。

平台的建设还将带来一系列高附加值的增值服务。例如，基于平台的噪声地图服务可以为居民提供实时的噪声污染信息，帮助他们了解所处环境的噪声水平并采取相应的防护措施。同时，平台还可以为政府部门提供噪声污染的监管和执法支持，提高管理效率和精准度。此外，通过开放平台的API接口，还可以吸引更多的开发者和企业参与到噪声污染的防控工作中来，共同推动昆明市声环境质量的改善。在声环境信息化平台的实际运行过程中，还需要注重平台的维护和更新工作。随着城市的发展和变化，噪声污染的来源和分布情况也会不断发生变化。因此，需要定期对平台进行维护和更新，以确保数据的准确性和时效性。同时，还需要不断引入新的技术和方法，提高平台的性能和功能，以满足不断变化的噪声污染防治需求。

声环境信息化平台的建设是昆明市噪声污染防治工作的重要组成部分。通过平台的建设和运行，可以更加科学、有效地进行噪声污染的防控和治理工作，为昆明市居民营造更加舒适、安静的生活和工作环境。同时，平台的建设还可以推动昆明市环境保护工作的整体发展，为构建生态文明城市提供有力支撑。在未来的工作中，继续完善和优化声环境信息化平台的功能和性能，不断提高噪声污染防治的科学性和有效性，为昆明市居民的健康和福祉贡献更大的力量。

3.3.1 噪声监测系统建设

噪声监测系统建设作为噪声防控体系构建中的核心环节，是噪声防治工作的重要一环。当前，昆明市在噪声监测系统的自动化程度上仍有提升空间，这不仅要求拥有更为完善的噪声监测手段，还迫切需要增加监测时段，以确保监测数据在空间和时间维度上的代表性得到显著提升。以昆明市五华区主城范围某年的数据为例，通过将各监测点位的数据进行有效整合，可以形成一个全面而系统的信息网。在此基础上，昆明市各县区应各自建立一个噪声自动监控站，或者选择一个已有的监测站作为噪声信息的分中心，从而整合形成昆明市总体的声环境状况图，以及昼夜热点分析的局部示意图。

在本书中，噪声监测器的分布策略是经过规划和研判的。优先考虑了交通干线、施工工地等特殊点，以及疗养院、学校、医院等对环境噪声较为敏感的地点。这些特殊点和敏感点因其独特的噪声特征和环境要求，被选为监测器布置的首选位置。对于其余区域则采用了网格点布置的方式，以确保监测的全面性和均衡性。根据噪声源的分析情况以及昆明市的地形图，选择了如表3-7所示的特殊点和敏感点进行监测器的布置。对于其余地区，按照3000m×3000m的网格尺寸进行了布点设计，确保每个网格内都有一个监测点。通过这样的布局，一共设置了215个监控点位，这些点位将共同构成昆明市噪声监测的网络。这一噪声监测系统的建设策略不仅充分考虑了昆明市的实际噪声环境和地形特点，还兼顾了监测的全面性和精准性。通过增加监测时段和提高自动化程度，将能够获取更为丰富和准确的噪声数据，为后续的噪声防控策略制订提供有力的数据支持。同时，这一系统的建立也将为昆明市居民创造一个更加安静、宜居的生活环境，进一步提升城市的生活品质和居民的幸福感。

表3-7　特殊点和敏感点选择

项目	具体位置
小区	世纪城小区、滇池卫城
学校	中华小学、师大附小、明通小学、云大附中、昆明一中、师大附中、民族中学、昆明八中
医院	昆华医院、云大医院、昆明市第一人民医院、延安医院、各区人民医院
公园	西山森林公园、翠湖公园、民族村、大观公园、金殿公园

续表

项目		具体位置
交通	交通干线节点	福德立交桥、金星立交桥、北教场立交桥、明波立交桥
	交通枢纽点	昆明站、昆明南火车站、南部汽车站、北部客运站、东部客运站、西部客运站、三号线金马站、一号线螺蛳湾
企业		云南铜业股份有限公司西南铜业分公司，昆明丰德环保电力有限公司，昆明跃高工贸有限公司，云南白药集团股份有限公司，云南江昆路桥材料有限公司，中国铁建高新装备股份有限公司，昆明市第三水质净化厂，昆明市第七、八水质净化厂

在构建全面而高效的环境噪声管理体系中，视频监控作为一种重要的辅助监控手段。具体而言，通过集成视频监控技术，系统能够针对环境噪声源进行精细化分析，实时捕捉并记录噪声产生的时间、地点及其周围环境状况，从而为城市内噪声自动监测点位提供了宝贵的实时视频监控资料。这一创新应用不仅增强了噪声监测的时效性和准确性，还为后续完善环境噪声管理、治理、控制和规划体系提供了坚实的数据支撑和科学依据。

视频监控系统作为这一复杂体系的核心组成部分，其架构设计充分体现了现代化信息技术的深度融合与应用。系统中采用视频监控作为辅助监控手段，可针对环境噪声源进行分析，为城市内噪声自动监测点位提供实时视频监控资料，为后续完善环境噪声管理、治理、控制和规划体系提供依据。视频监控系统主要包括三个部分，即前端设备、传输网络和后端监控中心，如图 3-6 所示，视频监控点实时录制现场视频传至电脑终端显示。昆明市监控设施较为完善，因而只在噪声敏感点和盲区安置配套视频监控器。

3.3.2 声环境信息化大数据平台

在构建全面且高效的环境噪声管理体系的过程中，数据的收集与处理扮演着至关重要的角色。为了实现这一目标，采用了噪声监测仪器和视频监控等先进设备来完成数据的收集工作，这一举措极大地提

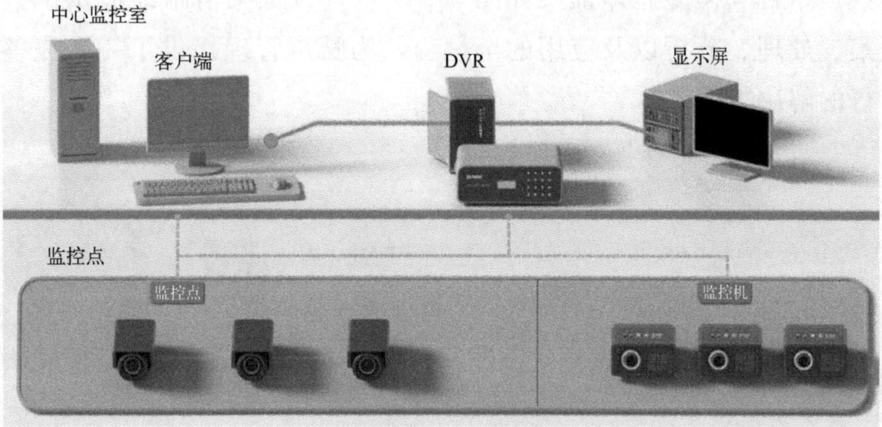

图 3-6 视频监控系统组成结构图

升了数据的整体性、规范性、及时性和科学性。收集到的数据随后被输送至专门的大数据分析系统，以便进行深入的挖掘与处理。

大数据分析系统作为噪声管理的核心工具，其设计充分考虑了昆明市声功能区划的实际情况。系统不仅能够对声环境质量现状及变化趋势进行精准分析，还能够生成声环境质量现状分布图和声环境变化趋势图，这些图表为管理者提供了直观且全面的声环境信息。此外，系统还具备解析主要噪声来源及构成情况的能力，通过深入的数据挖掘，能够准确地查找出主要的环境噪声污染问题，并列出详细的问题清单。这一功能为制定针对性的噪声源污染防控策略提供了有力的数据支持。在明确了噪声污染问题及其来源后，各类监管公示平台将承担起输出相关信息的重任。这些平台不仅能够将分析结果以直观、易懂的方式展示给公众，还能够促进管理部门、企业和公众之间的信息共享与交流。通过这样的方式，可以构建一个更加透明、开放的噪声管理环境，进一步推动噪声污染的治理工作。

同时，数据平台在构筑管理体系方面也发挥着举足轻重的作用。通过数据平台的支持，可以实现区域噪声监测数据的可视化、智能化和精细化管理。这一转变不仅提高了管理效率，还为制定更加科学、合理的噪声防控策略提供了有力的支撑。在实际应用中，“噪声防控大数据平台”模型总体框架如图 3-7 所示，该框架清晰地展示了数据收集、处理、分析以及应用的全过程，为噪声管理提供了一套完整且可行的解决方案。

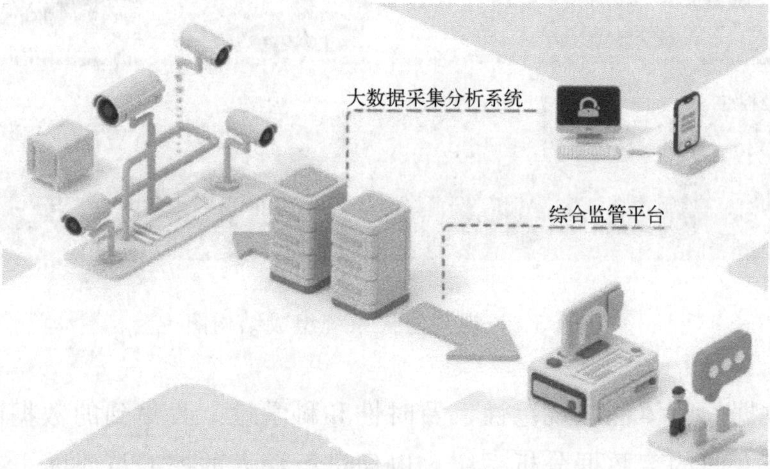

图 3-7 “噪声防控大数据平台”模型总体架构

为了有效管理和改善声环境，必须依托先进的信息技术手段，实现声环境数据的全面、准确、及时监测与管理。GIS 作为一种强大的空间信息处理工具，能够将各种类型数据经过处理汇集至空间数据库内，为声环境管理提供有力支持。因此，构建基于 GIS 的声环境管理数据应用支撑服务平台，对于提升声环境管理水平、保障公众健康具有重要意义。

利用 GIS 将各种类型数据经过处理汇集至空间数据库内，并保障声环境监测数据及声环境功能区划的及时更新、可靠准确，需要对公共基础数据和业务成果数据统一管理、统一分类、统一编码、统一共享，这是运用数据决策的基础。根据不同用户需求定制多元化页面场景，页面中的模块需要给不同的业务场景提供支撑。面对日益庞大的声环境管理数据，需要构建数据应用支撑服务平台来拥抱快速变化，支持增量的、非破坏性的更新迭代，同时支持在应用程序结构层面的多维度重构，逐渐实现服务集群，由点到面、由线到块地覆盖所有的声环境管理业务。数据应用支撑服务平台能够协同各种应用、打通数据。将在线监控数据与多元化信息进行整合，将分散在各处的信息资源形成统一的信息资产，并通过统计、分析和数据挖掘等工作，为管理者提供多维度的决策支撑。通过对环境数据的统计分析、智能处理、模型仿真，进一步从综合管理的角度出发，使信息化建设能够真正成为覆盖全面业务的有力支撑工具。

① GIS 地理信息平台是支撑平台的核心组件之一，它实现对市内所有监测点位的跟踪地理信息管理。通过 GIS，平台能够为应急指挥联动提供可调用的组件和接口，实现数据分析展现、实时定位、辅助决策等功能，显著提高应急指挥的能力和水平。同时，结合 GPS 定位技术，平台能够更准确地获取声环境监测点的空间位置信息，为声环境管理提供精确的空间分析依据。

② 法律法规与处理方案信息体系。法律法规和处理方案信息体系是支撑平台的另一重要组成部分。该系统主要发挥储备汇集功能，全面收集噪声相关法律法规、声环境影响评价导则和标准、噪声防治的基本措施、各类防噪设备的使用条件以及国内外噪声防控的先进经验。通过积累相关噪声知识与经验，为声环境管理和研究提供有力的理论保障和实践指导。

③ 应急预案信息体系建设。为了有效整合与利用应急救援资源，支撑平台需建立应急预案信息体系。该体系通过普查辖区现有指挥机构、专家、技术装备、救援队伍及应急物资等资源与分布情况，建立集指挥、通信、信息和调度于一体的资产和应急资源数据库。针对可能发生的突发公共事件，通过预判影响范围和后果严重程度，在准备、预防、响应、应急和恢复等方面做出详细安排，形成开展及时、有序和有效事故应急救援工作的行动指南。应急知识库作为应急预案信息体系的重要组成部分，包含了噪声突发事故的有效技术方法以及人员防护方法，为应急预案处理决策提供基础支持。

④ 建立健全噪声信用系统。为了加强声源管理，支撑平台需建立健全噪声信用系统。该系统将归集整合工商企业、建筑工地等声源

信息，并为新增项目提供噪声防控方法指导。通过建立健全噪声信用评价体系，以100分为满分，对民众举报确认或抽查监测后超标的项目进行减分制管理。年末时，对噪声信用分值低于80分和排名靠后的商家、工业和工地进行批评公布；对满分的商家、工业和工地进行表彰公布，特别是对于地产开发商，可将建设过程中以及房区周围的噪声情况进行公布。

⑤ 对噪声数据统一管理。对于噪声数据的统一管理，是实现声环境管理数据有效应用的关键步骤。为了构建一个高效且实用的声环境管理平台，该平台必须对公共基础数据和业务成果数据进行全面、系统的统一管理。这种管理不仅包括数据的存储与维护，还涉及数据的整合与优化，以确保数据资源的最大化利用。在统一管理的基础上，按照国家噪声数据标准对噪声数据进行科学的分类与编码，确保数据在平台内部的唯一性和一致性，为数据的交换与共享奠定坚实基础。此外，数据的准确性、一致性和时效性也是声环境管理平台必须严格把控的关键要素。准确的数据是做出科学决策的前提，而一致的数据则保证了分析结果的可靠性。时效性则要求平台能够及时更新数据，反映声环境的最新状况，为管理者提供实时、有效的信息支持。

⑥ 噪声监测管理业务场景多元化页面场景定制。在噪声监测管理业务中，由于用户需求的多样性和复杂性，支撑平台必须提供多元化、个性化的页面场景定制功能。这一功能的核心在于根据不同的业务场景，如噪声监测、噪声源分析、噪声影响评价等，为用户提供定制化的页面设计和信息服务，以满足他们在实际工作中的特定需求。多元化页面场景定制的实现，首先要求平台具备高度的模块化和组件化设计能力。这意味着平台需要将各种功能和信息以模块或组件的形式进行封装和管理，以便用户可以根据自己的业务需求，选择并组合不同的模块和组件，定制出符合自己工作习惯的页面场景。例如，在噪声监测业务场景中，用户可能更关注实时噪声数据的展示和分析工具的使用，而在噪声影响评价场景中，用户则可能更需要访问相关的环境影响评估模型和报告生成工具。为了实现这种定制化的页面场景，平

台需要提供丰富的配置选项和定制工具。这些工具应允许用户对页面布局、颜色风格、信息展示方式等进行个性化设置，以确保每个用户都能获得最符合自己工作需求和习惯的操作界面。同时，平台还应提供直观的预览和测试功能，使用户在定制过程中能够实时查看和调整页面效果，确保最终定制的页面场景能够满足他们的实际需求。

⑦ 噪声数据应用与决策支持。该平台需具备支持增量、非破坏性更新迭代的能力，同时能够在应用程序结构层面进行多维度的重构，以适应不断变化的业务需求和数据特性。数据应用支撑服务平台的核心目标是逐步实现服务集群，由点到面、由线到块地全面覆盖所有的声环境管理业务。这一目标的实现需要平台具备高度的协同能力和数据打通能力。平台应能够协同各种应用，将在线监控数据与多元化信息进行整合，形成统一的信息资产。这不仅有助于消除信息孤岛，提高数据利用效率，还能为后续的统计、分析和数据挖掘工作提供坚实的基础。在数据应用支撑服务平台上，统计、分析和数据挖掘是不可或缺的关键环节。通过对噪声数据的深入分析，平台能够为管理者提供多维度的决策支持。这些支持包括但不限于噪声污染的趋势分析、热点区域的识别、噪声源头的追溯以及噪声影响评估等。这些决策支持信息对于制定有效的噪声控制策略、优化声环境管理资源配置以及提高公众生活质量都具有重要意义。

同时，数据应用支撑服务平台还应具备对环境数据进行统计分析、智能处理和模型仿真的能力。这些能力的实现需要借助先进的数据分析技术和机器学习算法。通过综合运用这些技术，平台能够从综合管理的角度出发，对声环境进行更深入、更全面的理解。这不仅有助于发现潜在的噪声问题，还能为制定长期的声环境管理规划提供科学依据。

数据应用支撑服务平台的构建应使信息化建设真正成为覆盖全面业务的有力支撑工具。这一目标的实现需要平台在多个层面进行持续的创新和优化。例如，平台应不断优化其数据处理和分析算法，以提高决策的准确性和时效性。加强与相关业务系统的集成和协作，以确保数据的实时更新和共享。为了保障平台的安全性和稳定性，还需要采取一系列的技术措施和管理策略。

3.3.3 管理系统建设

随着城市化进程的加速，噪声污染已成为影响公众生活质量的重要因素。为有效应对噪声污染问题，提升噪声管理水平，本书提出了一套创新性的噪声监测管理信息系统平台建设方案。该平台通过引入模块化微服务表单组件和事件响应机制，实现了页面强交互性、数据可感知，并支持多样化的数据查询、分析和联动，旨在打造一个高效、智能的噪声污染防控体系。

3.3.3.1 系统架构设计

本系统采用分层架构设计，以确保各功能模块既相互独立又协同工作，从而实现高效、稳定的噪声监测与管理。以下是详细的系统架构设计：

（1）数据采集层：构建噪声监测系统的基石

在噪声监测系统的架构中，数据采集层扮演着不可或缺的角色，它是整个系统数据流的起点与基石。此层的核心功能在于，通过精密设计的前端数据采集仪器（简称“数采仪”）与广泛部署的监测设备，实时、准确地收集分布于城市各个角落的噪声监测点的多维度数据。这些数据不仅是后续分析工作的原材料，更是保障城市环境健康、制定有效噪声管理策略的关键依据。

① 数据采集的深度与广度。数据采集层所捕获的信息内容丰富多样，包括但不限于声级（如 A 声级、等效连续声级等），这些指标直接反映了噪声的强度与特性；频率分布数据，有助于分析噪声的频谱成分，区分不同类型的噪声源；精确的时间戳信息，确保了数据的时序性与同步性，为后续的时间序列分析提供了坚实基础。此外，考虑到环境因素对噪声测量的潜在影响，如风速、温度等气象数据也常被纳入采集范畴，以增强数据分析的全面性和准确性。

② 监测点的布局与优化。监测点的选址与布局是数据采集层高效运作的前提。它们被精心布置于城市的不同功能区，如居民区、工业区、交通干线周边等，以确保能够全面覆盖并准确反映城市噪声污染的总体状况及空间分布特征。随着城市发展与规划调整，监测点的位置与数量亦需动态优化，以适应新的噪声污染态势与管理需求。

③ 数据传输的可靠性与安全性。数据采集层还需确保数据从监测点至数据中心的高效、安全传输。这通常依赖于稳定的通信网络（如4G/5G、光纤等）及先进的数据加密技术，以抵御数据丢失、篡改等风险，保障数据的完整性与安全性。同时，合理的数据传输协议与错误校验机制也是必不可少的，它们能有效提升数据传输的可靠性与效率。

（2）数据处理层：信息提炼与价值挖掘的桥梁

数据处理层作为数据采集层与应用服务层之间的关键枢纽，负责将原始的噪声数据转化为有价值的信息资产。这一过程涵盖了数据清洗、整合与分析等多个环节，旨在去除冗余与错误，提取关键特征，为上层应用提供精准、高效的数据支持。

① 数据清洗：净化数据质量。数据清洗是数据处理的第一步，也是至关重要的一步。它利用统计学、数据挖掘等技术手段，识别并剔除那些无效、不完整或明显异常的数据记录，如缺失值、重复值、极端值等。这一过程旨在提升数据质量，为后续分析工作奠定坚实基础。

② 数据整合：构建统一视图。数据整合是将不同监测点、不同时间段的噪声数据，按照统一的标准与格式进行汇总与整合，形成结构化的数据集。这一过程不仅解决了数据孤岛问题，还便于进行跨时空的对比分析，揭示噪声污染的演变趋势与空间分布规律。

③ 数据分析：挖掘潜在价值。数据分析是数据处理层的核心任务。它运用多种统计学方法、机器学习算法等，对整合后的数据进行深入挖掘，提取出对噪声管理具有指导意义的信息。例如，通过时间序列分析揭示噪声污染的周期性变化规律；通过空间统计分析识别噪

声污染的高发区域与热点；通过关联分析探索噪声水平与气象条件、人口密度等因素之间的潜在关系等。这些分析结果不仅为制订针对性的噪声管理策略提供了科学依据，也为公众参与噪声治理提供了有力的数据支持。

（3）应用服务层：多元化应用的实现平台

应用服务层是噪声监测系统面向用户的直接界面，它通过提供多样化的应用形态，满足不同用户群体的需求，实现噪声监测成果的有效转化与利用。

① 领导驾驶舱：全局概览的利器。Dashboard 领导驾驶舱以其直观、易用的界面设计，为管理者提供了全面的噪声监测概况。通过图表、地图等多种可视化手段，管理者可以迅速掌握城市噪声污染的总体状况、变化趋势及空间分布特征，为制订科学决策提供有力支持。

② 交互式 Web 报表：个性化分析的舞台。交互式 Web 报表为用户提供了更为灵活的数据分析工具。用户可以根据自己的需求，自定义报表模板、筛选条件与展示方式，实现个性化的数据分析。这一功能不仅增强了用户参与感与满意度，还促进了数据价值的深度挖掘与利用。

③ 其他应用形态：丰富多样的服务生态。除了上述两种主要应用形态外，应用服务层还可根据实际需求，拓展出更多元化的服务形式。例如，噪声地图能够直观展示城市噪声污染的空间分布与强度等级；实时噪声监控则能让公众随时了解身边的噪声环境状况；基于移动端的噪声投诉与处理系统则构建了政府与公众之间的沟通桥梁，提高了噪声治理的公众参与度与响应速度。

（4）用户交互层：强化用户体验的关键所在

用户交互层作为噪声监测系统与用户之间的直接接口，其设计的好坏直接关系到用户体验与系统效用。通过 Web 表单组件与事件响应机制的巧妙结合，该层实现了用户与系统之间的高效、顺畅交互。

① 便捷高效的交互方式。用户交互层提供了简洁明了的模块化

微服务表单组件，用户只需简单填写或选择相关信息，即可完成查询、投诉等操作。同时，系统通过事件响应机制实时响应用户的操作请求，提供即时的反馈噪声监测情况与结果展示，大大提升了用户操作的便捷性与满意度。

② 页面设计的实用性与功能性并重。在页面设计方面，用户交互层注重强交互性与数据可感知性的融合。通过合理的布局、清晰的色彩搭配与动态效果的应用，使得页面既美观又实用。用户能够直观地感受到系统的响应速度、数据的变化趋势以及分析结果的可视化效果，从而更加深入地理解噪声监测数据背后的故事与价值。

噪声监测系统的数据采集层、数据处理层、应用服务层与用户交互层相互依存、相互支持，共同构成了一个完整、高效、用户友好的噪声监测与管理体系。这一体系不仅为城市噪声污染的监测与治理提供了强有力的技术支持与数据保障，还为实现城市环境的可持续发展与人民生活质量的提升贡献了重要力量。

3.3.3.2　系统功能模块

(1) 噪声功能区管理

在现代城市环境管理中，噪声功能区管理作为重要的组成部分，对于保障居民的生活质量、促进城市的可持续发展具有至关重要的意义。本系统通过创新的技术手段和直观的展示方式，为噪声功能区的有效管理提供了强大的支持。本系统采用地图作为主要的展示界面，充分利用高清卫星图的优势，将实时噪声环境信息以直观、清晰的方式呈现给用户。这种基于地图的展示方式不仅能够提供全局视角，还能让用户深入了解局部细节。在地图上，声功能区划结果通过叠图处理得以清晰呈现，为用户提供了直观的区域划分信息。

为了便于区分和识别不同的声功能区类别，系统采用了不同颜色进行标注。这种色彩编码的方式不仅符合人类视觉认知的习惯，还能够在第一时间让用户快速获取关键信息。当用户选择某个县区的某个功能区时，系统能够迅速响应，展示该区域的一系列详细噪声相关信息。

噪声声级是评估噪声污染程度的关键指标之一。系统能够准确地显示该区域的噪声声级数值，为用户提供了直接的量化评估依据。点次和面积达标率则反映了该区域在噪声控制方面的整体表现。通过这一指标，用户可以了解到该区域内符合噪声标准的点位和面积占比，从而对区域的噪声控制效果有一个全面的认识。造成超标的声源情况分析是本系统的一个重要功能。通过先进的监测和分析技术，系统能够准确识别并定位造成噪声超标的声源。这不仅有助于深入了解噪声污染的来源，还为后续的针对性治理措施提供了关键的决策依据。在技术实现方面，系统依托先进的地理信息系统（GIS）技术和大数据分析算法。GIS技术为地图展示和区域划分提供了精确的空间定位和图形处理能力，确保了信息的准确性和可视化效果。大数据分析算法则能够对海量的噪声监测数据进行快速处理和分析，提取出有价值的信息，为用户提供实时、准确的噪声功能区管理支持。

（2）实时噪声监控

在城市噪声管理体系中，实时噪声监控是确保及时发现和解决噪声问题的关键环节。本系统通过将全市监控点联网进入各区噪声信息中心，并由昆明市噪声信息中心系统进行汇总处理，实现了对城市噪声的全面、实时、精准监控。

系统将全市的监控点整合接入生态环境大数据中心，包括噪声的强度、频率、监测点的位置、时间等相关信息，为深入分析噪声的时空分布特征提供了丰富的数据资源，形成了一个统一的数据收集和处理网络。这种联网的架构确保了数据的实时传输和共享，避免了信息孤岛的出现，为全面掌握城市噪声状况提供了坚实的基础。

系统以各区声环境功能区划分为基础，清晰地呈现了各区的具体噪声监控点位。这种分区展示的方式符合城市管理的行政区划特点，便于各区相关部门有针对性地开展噪声管理工作。当用户选择具体噪声监测点位时，系统能够展示丰富而详细的信息。首先，站点噪声监测信息以直观的图表和数据形式呈现，包括实时噪声值、历史噪声趋势等，使用户能够清晰地了解该点位的噪声变化情况。其次，监控视频的提供让用户能够直观地观察到监测点周边的环境状况，有助于分析噪声产生的原因和影响范围。此外，系统还展示了噪声源的相关信息，如噪声源的类型、位置、运行时间等，为溯源和治理提供了关键线索。同时，噪声投诉处理信息的展示也体现了系统对公众参与和社会监督的重视，用户可以了解到针对该点位的投诉情况以及处理结果，增强了噪声管理工作的透明度和公信力。为了满足用户对噪声信息的长期需求，系统还提供了噪声质量周报、月报等定期报告功能。这些报告通过对一段时间内的噪声数据进行综合分析，总结出噪声的变化规律、主要问题和趋势，为制订长期的噪声治理策略提供了重要的参考依据。

在技术实现上，系统采用了先进的传感器技术、网络通信技术和数据存储与处理技术。传感器技术确保了噪声监测数据的准确性和可靠性，网络通信技术保障了数据的实时传输和稳定共享，而高效的数据存储与处理技术则能够应对海量的监测数据，实现快速查询、分析和展示。

(3) 应急管理系统预警功能

在城市噪声管理中，应急管理系统的预警功能对于及时应对突发噪声污染事件、保障公众健康和环境安全具有重要意义。本系统通过建立科学合理的预警机制，能够在噪声超标时迅速做出提示，并采取相应的应急措施。系统根据噪声监测器所处声环境功能区的具体情况，设定了精确的超标值。这些超标值的设定充分考虑了不同功能区的噪声标准和环境特点，以确保预警的准确性和有效性。当噪声的监测值大于设定的超标值时，系统会立即做出提示，向相关人员发送警报信息。为了让管理者能够全面了解噪声超标的情况，系统将噪声值及监控视频实时传输至信息站。这些信息不仅包括实时的噪声数据，还包括现场的监控画面，为管理者提供了直观、全面的决策依据。通过对这些信息的分析，管理者能够迅速判断噪声污染的程度和影响范围，提出适时的噪声污染控制策略。

在应急管理方面，系统中预存了一系列处理程序。当发生突发噪声污染事件时，系统能够通过定位技术将监测器信息迅速发送至附近的环保部门。这些信息包括噪声的强度、位置、持续时间等关键数据，以及现场的监控视频，帮助环保部门及时了解事件的详细情况。环保部门接收到信息后，可以迅速安排人员进行处理，采取有效的降噪措施，如责令相关企业停止生产、加强隔声设施等，以尽快降低噪声污染，保障公众的正常生活和工作环境。

为了不断提高应急管理的效率和效果，系统还具备了学习和优化的能力。通过对历史应急事件的分析和总结，系统能够不断完善预警机制和处理程序，提高对突发噪声污染事件的应对能力。

(4) 全市噪声一体化、集约化管理

在城市发展日益复杂的背景下，实现全市噪声的一体化、简单化管理成为提升城市环境质量和管理效率的关键需求。昆明市噪声信息中心设置的总系统在这方面发挥了核心作用，通过整合全市声环境划分情况、噪声监测和噪声源情况以及噪声防治资源情况，实现了对城市噪声的综合管理。

该总系统首先对全市声环境划分情况进行了全面整合，包括不同区域的声功能区划定、敏感区域的标识以及噪声传播路径的分析等。这为后续的噪声监测和管理提供了基础框架，使管理工作能够有的放矢，针对不同区域的特点制定相应的策略。噪声监测和噪声源情况的整合是系统的重要功能之一。系统将分布在全市各个角落的噪声监测点的数据进行集中收集和分析，实时掌握噪声的变化趋势和分布特征。同时，对各类噪声源的信息进行详细记录和分类，包括工业噪声源、交通噪声源、建筑施工噪声源等。通过对这些信息的整合分析，可以清晰地了解噪声的来源和影响范围，为制定针对性的治理措施提供依据。

噪声防治资源情况的整合也是系统的关键组成部分，这包括了人力、设备等方面的资源信息。例如，环保部门的执法人员配备、噪声治理设备的分布和使用情况、噪声防治项目的资金投入等。通过对这些资源的整合管理，可以实现资源的优化配置，提高噪声防治工作的效率和效果。在系统的运行过程中，采用了数据分析和决策支持技术。通过大数据分析和人工智能算法，对整合的信息进行深入挖掘和分析，为管理者提供科学准确的决策依据。同时，系统还具备可视化展示功能，将复杂的数据以直观易懂的图表和地图形式呈现给管理者，使其能够快速了解全市噪声管理的整体情况和关键问题。此外，为了确保系统的有效性和可持续性，还建立了完善的更新和维护机制。定期对声环境划分、噪声监测和噪声源以及防治资源等信息进行更新，保证数据的准确性和时效性。同时，不断优化系统的功能和性能，以适应城市发展和噪声管理的新需求。

3.3.3.3　大数据查询接口服务与互联互通

本系统提供大数据查询接口服务，促进信息的互联互通。通过与其他相关系统（如环保部门、城市规划部门等）的数据交换和共享，实现噪声污染数据的全面整合和分析。这将为用户提供多维度的决策支撑，使噪声污染防控体系建设能够真正成为管理者的高效工具。

3.3.3.4　提高综合决策能力与公共服务能力

① 综合决策能力。通过系统提供的实时数据和多样化分析功能，管理者能够更准确地了解噪声污染状况。结合历史数据和趋势分析，制订更科学的噪声污染防控策略，实现对噪声源的精准定位和追溯，提高执法效率。

② 公共服务能力。市民可以通过网络获取噪声监测数据，了解身边噪声污染状况。提供便捷的噪声投诉渠道，使市民能够直接参与噪声污染治理，通过系统反馈和处理结果，增强市民对噪声污染治理的信心和满意度。

3.3.4 用户交互设计

针对不同服务对象分别构建功能各异的平台端，已成为提高服务效率、增强管理效能和促进公众参与的重要手段。其中，根据服务内容分别制作的平台开发，可分为管理端和公众端，这两个端口在噪声管理与监督领域发挥着至关重要的作用。

管理端主要面向日常管理工作人员，旨在为其提供便捷、高效、全面的服务支持。管理者通过使用智能手机等相关设备，能够随时随地访问平台，突破了时间和空间的限制。这种实时访问的特性，使管理者能够及时了解噪声的实时监测结果。这一功能的实现，依赖于先进的传感器技术和数据传输技术，能够将监测设备获取的噪声数据迅速传输至平台，并以直观清晰的方式呈现给管理者。

环境应急管理者在噪声管理工作中同样发挥着关键作用。通过移动设备访问平台，浏览平台上提供的各种与工作相关的业务应用内容，实现噪声的风险管理，需要对可能出现的噪声风险进行评估和预测，制定相应的应对策略。应急能力建设则包括制定应急预案、组织演练、培训工作人员等方面，以提高应对突发噪声事件的能力。处置知识学习为应急管理者提供了不断更新和提升自身知识水平的途径，使他们能够掌握最新的处置方法和技术。预案查询功能方便管理者在需要时迅速获取相关预案，为应急处置提供指导。热点关注功能使管理者能够及时了解社会上对噪声问题的关注焦点，从而有针对性地开展工作。安全管理功能则确保在噪声管理和应急处置过程中，人员和设备的安全得到保障。

平台储存了基本的声环境知识，包括声级的定义、目前全市声功能区划分情况、声环境质量标准、基本防护措施及相关举报方法。这些知识的普及，有助于提高公众对噪声问题的认知水平，增强自我保护意识。在该系统上及时更新发布与市民息息相关的噪声时间及国内外发生噪声相关事件，使公众能够了解噪声问题的最新动态和发展趋势。此外，该系统公布企业商家的噪声信用体系评价结果以及噪声事件处理结果，这对于促进企业商家自觉遵守噪声相关规定，提高社会的噪声治理水平具有重要意义。通过公开信用评价结果和处理结果，形成了有效的社会监督机制，对违规行为起到了警示作用。

调查群众满意度是公众端的另一重要功能。通过收集公众对噪声管理工作的满意度反馈，能够为管理部门评估工作效果、改进工作方法提供重要依据。这有助于形成以公众需求为导向的工作机制，不断提升噪声管理工作的质量和水平。

此外，在平台的开发和运营过程中，要注重数据的安全性和隐私保护，确保用户的信息不被泄露和滥用。同时，要加强对平台的维护和更新，保证其稳定性和可靠性，为用户提供持续优质的服务。

3.3.5 声环境可视化

本书选取了五华区噪声监测实测值来监理声环境可视化应用。根据五华区环保局提供的某年噪声监测数据，分析监测结果可知，某年五华区主城片区区域环境噪声监测共计监测点位 316 个。其中，二类区监测点位 102 个，昼间噪声的平均监测值为 54.1dB（A），夜间平均为 43.8dB（A），无超标的监测点；三类区监测点位 214 个（实际监测点位 213 个），昼间噪声的平均监测值为 56dB（A），夜间平均为 41.7dB（A）。

在声环境信息化平台的建设中，一系列先进的技术手段和创新的设计理念得以应用，旨在实现更高效、更精准的管理与服务。首先，应用数据分析、自助式报表设计、可视化分析等功能的可视化展示是平台建设的关键环节。数据分析作为基础，通过对海量声环境数据的收集、整理和挖掘，提取出有价值的信息和潜在规律。自助式报表设计赋予了使用者根据自身需求灵活定制报表的能力，满足了不同层次和领域的个性化需求。可视化分析则将复杂的数据以直观、清晰的图形、图表等形式呈现，使信息更易于理解和解读。

通过解析卫星影像，以 GIS 空间数据库为基础，参照道路交通图、控规图、土地利用现状图等相关资料，利用ArcGIS统计与空间分析功能进行资料矢量化并分类汇总，这一过程体现了多源数据融合和空间分析技术的重要性。卫星影像提供了高分辨率的地理空间信息，为准确了解研究区域的地形、地貌和土地利用情况提供了基础。道路交通图、控规图和土地利用现状图等资料则从不同维度补充了城市规划和土地利用的详细信息。

ArcGIS统计与空间分析功能在其中发挥了核心作用。资料矢量化将纸质或图像形式的资料转换为数字格式，便于计算机处理和分析。分类汇总则按照特定的规则和标准对数据进行归类和整合，使数据更加有序和有条理。统一坐标和配准图件是确保不同来源数据在空间位置上准确匹配的关键步骤，从而确定研究区域范围及基础地理空间数据。对于城市用地现状单一的区域进行直接划分，这种精准的划分有助于更有针对性地进行声环境管理和规划。

表单组件为用户提供了便捷的数据输入和交互界面，使得数据的收集和提交更加高效和准确。事件响应机制则确保了页面能够实时响应用户的操作和输入，增强了用户与系统之间的互动性。这种强交互性和数据可感知的特性，使得编排的页面能够根据用户的需求和行为动态地展示和更新数据，极大地提升了用户体验。

多样化的数据查询、数据分析和数据联动功能为平台的应用提供了更广阔的空间。用户可以根据不同的条件和需求进行数据查询，快速获取所需信息。深入的数据分析能够揭示数据背后的潜在关系和趋势，为决策提供有力支持。数据联动则实现了不同数据集之间的关联和协同，使得信息更加全面和综合。多样化的应用形态输出进一步丰富了平台的功能和价值。传统的Dashboard领导驾驶舱为高层管理者提供了全局视角和关键指标的实时监控；交互式Web报表满足了专业人员对详细数据和分析结果的需求；传统可视化大屏在展示重要信息和成果方面具有震撼力；实时指挥/监控平台适用于应急处置和动态管理；GPS定位和GIS空间数据可视化将声环境数据与地理位置相结合，实现了更精准的空间分析和决策；业务数据分析页面/系统为具体业务部门提供了针对性的分析工具；决策大屏则为重要决策场景提供了直观、全面的信息支持。

提供声环境数据查询接口服务，促进了信息的互联互通。这意味着不同的系统和平台能够共享和交换声环境数据，打破了信息孤岛，实现了数据的流通和整合。从综合管理的角度出发，为使用者提供多维度的决策支撑，使得声环境信息化平台能够真正成为管理者的高效工具。这不仅提高了综合决策能力，还增强了公众服务能力，有助于更快速、更准确地应对各种声环境问题。在具体应用中，根据昆明市环境噪声监督职责，在相关部门大数据系统内部设立噪声投诉页面与监督处理页面是一项切实有效的举措。设专人专职负责处理投诉和监督工作，确保了工作的专业性和及时性。根据各相关部门的权责，制定行之有效的处理办法，明确了工作流程和责任分工，提高了工作效率和质量。

通过信息化系统建设，让公众不用区分噪声类别，即工业噪声、建筑施工噪声、交通运输噪声和社会生活噪声，直接与相应监管部门联系，这种简化的流程极大地方便了市民，缩短了问题解决的时间。在最短的时间内使问题得到妥善解决，体现了以人民为中心的服务理念，提高了公众对政府管理工作的满意度和信任度。将应用数据分析、自助式报表设计、可视化分析等功能进行可视化展示。通过解析卫星影像，以 GIS 空间数据库为基础，参照道路交通图、控规图、土地利用现状图等相关资料，利用 ArcGIS 统计与空间分析功能进行资料矢量化并分类汇总，统一坐标，配准图件确定研究区域范围及基础地理空间数据，对城市用地现状单一的区域进行直接划分。局部效果示意图如图 3-8 所示。

3.3.6 效益分析

(1) 生态效益

声环境平台的建设在环境方面带来的效益是多方面且显著的。首

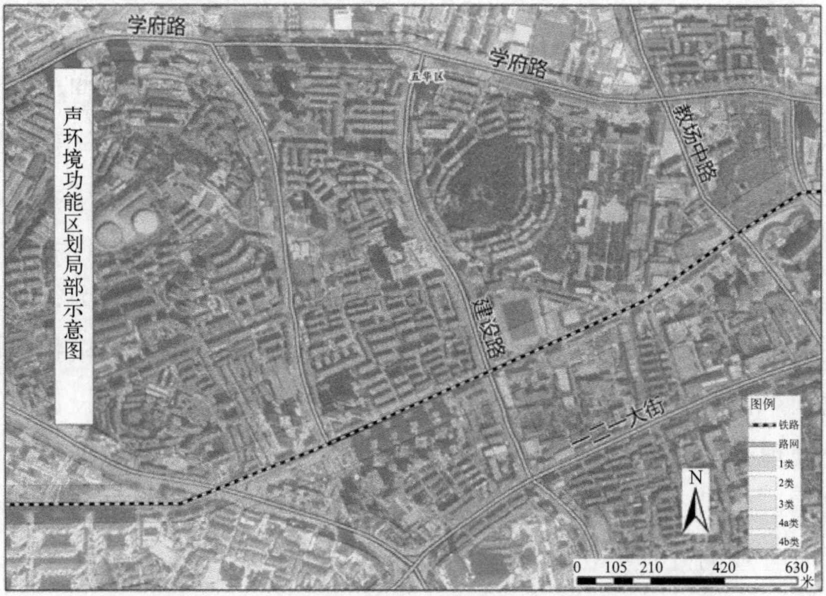

图 3-8 局部效果示意图（见彩色插页）

先，通过噪声防控体系的建设，昆明市市区的噪声防治工作将取得突破性的进展。以往，噪声污染常常被忽视或难以得到有效的监测和控制，但随着这一体系的建立，噪声污染将被置于严密的监控之下。先进的监测设备和技术能够实时、准确地捕捉噪声数据，为后续的分析和处理提供坚实的基础。这意味着那些以往难以察觉的噪声源将无处遁形，从而能够得到及时的治理和管控。随着噪声防控工作的深入开展，昆明市主城区的噪声环境将逐步得到改善。长期以来，交通噪声、工业噪声、建筑施工噪声以及社会生活噪声等各种来源的噪声相互交织，严重影响了居民的生活质量。而声环境平台的建设将使得这些噪声得到有针对性的治理，从而有效降低噪声水平。居民将能够享受到更加安静、舒适的居住环境，提高生活的品质。安静的环境有助于人们更好地休息、学习和工作，提升身心健康水平。

噪声防控体系能够实现对区域内噪声污染的有效掌控，从而实现资源的集中整合与高效、合理利用。以往，由于缺乏统一的管理和协调，噪声防治工作往往存在资源分散、重复投入等问题。而通过噪声声环境平台的建设，能够对监测设备、人力资源、治理资金等进行统一调配和管理，避免资源的浪费，提高资源的利用效率。这不仅有助于降低噪声防治的成本，还能够在有限的资源条件下取得更好的治理效果。这一体系的建设将促进昆明市整体生态环境质量的显著提升。生态环境是一个复杂的系统，其中噪声作为一种环境污染因素，与其他环境要素相互关联、相互影响。通过有效控制噪声污染，能够减少其对生物多样性、生态平衡的负面影响，为动植物创造更加适宜的生存环境。同时，良好的声环境也有助于提升城市的整体形象和吸引力，为昆明市打造“健康生活目的地”和推进生态建设提供有力的支持。

（2）社会效益

噪声声环境平台的建设对于昆明市区域环境质量的改善具有深远的意义，进而为广大民众带来了显著的社会效益。随着区域环境质量的提升，广大民众的生产和生活环境将发生质的改变。在生产方面，安静的工作环境有助于提高劳动者的工作效率和工作质量，减少因噪声干扰而导致的工作失误和职业伤害。对于企业而言，这意味着更高的生产效益和更低的生产成本。在生活方面，安静的居住环境能够让居民更好地享受家庭时光，促进家庭成员之间的交流和关系的融洽。同时，良好的声环境也有利于居民的身心健康，减少因噪声引发的焦虑、失眠等健康问题，提高生活的幸福感。

噪声的减少对于身体健康和社会治安都具有积极的影响。长期暴露在高强度噪声环境中会对人的听力、心血管系统、神经系统等造成损害。通过噪声防控体系的建设，降低噪声水平，能够有效预防和减少这些健康问题的发生，提高居民的整体健康水平。此外，安静的环境有助于减少人们的烦躁情绪和冲突行为，降低社会治安事件的发生率，营造和谐、稳定的社会氛围。

声环境保护理念的深入人心也是这一平台建设带来的重大社会效益之一。通过宣传和教育，让广大民众了解噪声污染的危害以及声环境保护的重要性，能够激发他们的环保意识和责任感。这种意识的觉醒将促使民众更加自觉地遵守噪声相关的法律法规，减少不必要的噪声产生。同时，也会鼓励他们积极参与到噪声防控工作中来，形成全社会共同治理噪声污染的良好局面。全民参与噪声防控工作将进一步增强社会的凝聚力和向心力。当民众意识到自己的行动能够为改善生活环境做出贡献时，他们会更加积极地投入公共事务中。这种共同的目标和努力将促进社区的和谐发展，增强邻里之间的互助和合作，提升整个社会的文明程度。良好的声环境也有助于提升昆明市在全国乃至国际上的形象和声誉。一个安静、宜居的城市将吸引更多的人才、投资和旅游资源，促进城市的经济发展和文化交流。同时，也为民族地区的政治稳定和经济繁荣创造了有利条件，促进各民族之间的团结和共同发展。通过噪声声环境平台的建设不仅改善了居民的生活环境，还促进了社会的和谐稳定、文明进步和可持续发展，其社会效益是全方位、多层次的，对于提高民众的生活质量和幸福感具有不可估量的价值。

(3) 经济效益

噪声声环境平台建设所带来的经济效益主要体现在多个方面。昆明市噪声污染防控体系的系统智能化建设显著提高了噪声的防控效率。传统的噪声防控方式往往依赖人工监测和处理，不仅效率低下，而且难以做到全面、及时。而智能化的防控体系通过自动化的监测设备、数据分析算法和智能决策支持系统，能够快速准确地识别噪声源、评估噪声影响，并制定相应的防控措施。这大大缩短了从发现问题到解决问题的时间周期，减少了噪声污染对经济活动和居民生活的负面影响，从而间接促进了经济的稳定发展。资源的整合是另一个重要的经济效益来源。在噪声声环境平台的统筹下，监测设备、人力资源、技术资源等得到了合理的配置和优化。以往可能存在多个部门或单位各自为政、重复建设的情况，导致资源浪费和效率低下。现在通过整合，能够实现资源的共享和协同工作，避免了不必要的重复投入，提高了资源的利用效率。例如，多个区域可以共用一套先进的监测设备，通过数据共享实现更广泛的覆盖和更精确的监测，而不需每个区域都单独购置设备。

人力物力成本的大幅节约是直接可见的经济效益。智能化的监测和分析系统减少了对大量人工监测人员的需求，降低了人力成本。同时，精准的防控措施能够避免不必要的治理行动和资源消耗，减少物力投入。此外，由于噪声污染得到有效控制，减少了因噪声引发的疾病和劳动效率下降等问题，从而降低了医疗成本和生产损失。从长远来看，良好的声环境对于区域的可持续发展具有重要意义。它有助于吸引更多的优质企业和投资项目，提升区域的产业竞争力。企业更愿意在环境优美、安静舒适的地区设立总部、研发中心等，这将带动相关产业的发展，创造更多的就业机会和税收收入。噪声防控体系的建设也能够促进相关产业的技术创新和发展。为了满足噪声防控的需求，环保技术企业将加大研发投入，推动噪声监测、控制和治理技术的不断进步。这不仅有助于提升企业自身的竞争力，还能够带动整个环保产业的发展，形成新的经济增长点。

3.3.7 噪声投诉的智能分析应用

在现代社会中，随着城市化进程的加速和人们生活水平的提高，噪声问题日益成为影响居民生活质量和城市环境的重要因素。噪声投诉的数量不断增加，如何高效、准确地处理这些投诉，并从中挖掘有价值的信息，成为城市管理和环境保护部门面临的重要挑战。传统的噪声投诉处理方式往往依赖人工分析和处理，不仅效率低下，而且容易出现误差和遗漏。随着人工智能和大数据技术的发展，为噪声投诉处理提供了全新的思路和方法。本书将详细介绍噪声投诉的智能分析应用、大数据分析助力噪声投诉问题精准溯源以及人工智能多维校验噪声投诉处理成效等方面的内容。

3.3.7.1 噪声投诉的智能分析应用

(1) 语义理解与提取

在噪声投诉处理中，首先需要对投诉数据进行语义理解与提取。

使用智能模型对噪声投诉数据进行分析是关键的一步。这些智能模型通常基于自然语言处理技术和机器学习算法，能够理解和解析投诉文本中的含义。

在进行语义理解与提取之前，需要对噪声投诉数据进行清洗，以确保数据的质量。数据清洗包括去除噪声、纠正错误、补充缺失值等操作。经过清洗后的数据输入智能模型，模型能够识别出投诉对象、投诉地点和投诉类型等关键信息。为了提高识别的准确性，还会通过关联分析来深化分类精度。例如，将投诉文本中提到的相关词汇、短语与已知的噪声类别、地点等进行关联，从而更准确地确定投诉的核心内容。同时，辅以人工标注来验证模型的提取结果。人工标注可以作为监督信号，帮助模型不断学习和改进，提高分类准确度。为了使模型能够适应不断变化的投诉内容和语言表达方式，需要不断优化模型提示词。提示词是引导模型进行理解和提取的重要线索，通过不断更新和优化提示词，能够使模型对新的投诉保持高度敏感，及时准确地捕捉关键信息，实现噪声投诉的精准分类与动态适应。

(2) 结果生成与格式化

经过智能模型的处理，提取出的噪声投诉对象、投诉地点和投诉类型等信息需要进行有效的存储和管理，以便后续的分析和处理。通过智能模型的指令优化，将这些信息转化为 JSON 结构的数据格式进行存储是一种常见的方法。JSON 格式具有良好的可读性和可扩展性，能够清晰地表示层次结构的数据。将提取结果转换为 JSON 格式，实现了提取结果数据的标准化与格式的一致性。这种标准化和一致性便于后续对数据进行处理和分析，也有利于与其他系统进行数据交换和共享。

此外，将数据转换为 JSON 格式还有利于向量化处理。向量化是将非数值数据转换为数值向量的过程，便于后续在向量数据库中进行存储和运算。通过标准化的 JSON 格式，可以更方便地进行向量化操作，提高数据处理的效率和准确性。

(3) 结合外部数据进行空间聚类分析

为了更全面、深入地了解噪声投诉情况，仅仅依靠投诉文本中的信息是不够的。结合外部点位数据、建筑工地数据、POI 数据等进行投诉对象空间聚类分析能够提供更丰富的视角。

在智能模型提取结果的基础上，引入外部真实地理位置信息是非常重要的。例如，通过地理信息系统获取准确的经纬度坐标，能够确定投诉对象的具体位置。同时，住建局提供的建筑工地信息也具有重要价值。建筑工地往往是噪声的重要来源之一，将其位置数据与投诉对象的位置进行关联分析，可以判断建筑工地是否对周边居民造成了噪声影响。大范围地理 POI 信息（points of interest，兴趣点）的整合也不可或缺。POI 数据包括商店、医院、学校等各种地理坐标和类型信息。将这些数据与投诉对象的位置信息相结合，可以分析噪声投诉与周边环境的关系。例如，学校周边的噪声投诉可能与上下课时间的交通拥堵有关，医院周边的噪声投诉可能与医疗设备的运行有关。

将投诉对象的具体位置信息、建筑工地位置数据和周边环境的 POI 数据整合在一起，构成一个丰富的空间数据集。然后，对这个空间数据集进行聚类分析。聚类分析是一种数据挖掘技术，能够将相似的数据点聚集在一起，从而发现数据中的潜在模式和结构。通过聚类分析，可以发现噪声投诉集中的区域、与特定环境因素相关的投诉模式等，为进一步的噪声治理和规划提供有力的依据。

(4) 结果存储与索引

为了实现对噪声投诉数据的高效存储和快速检索，需要将提取的信息转化为向量表示，并存储在向量数据库中。

向量数据库是一种专门用于存储和处理向量数据的数据库系统。将智能模型提取的噪声投诉对象、投诉地点和投诉类型等信息使用向量数据库中原生的数据向量化接口转化为对应的高维向量表示。每个向量在高维空间中代表了一个特定投诉信息的语义特征，向量之间的距离或相似度反映了投诉信息之间的相关性。将这些向量存入向量数据库中，并建立相应的索引结构。索引结构类似于书籍的目录，能够帮助快速定位和检索所需的数据。通过合理设计索引，可以大大提高数据检索和比较的效率，使得在处理大量噪声投诉数据时能够迅速找到相关信息，实现对噪声投诉对象的准确分类和消歧。

（5）相似度对比与分类消歧

当新的噪声投诉数据到来时，使用相同的智能分析流程和模型对其进行语义理解和提取，得到相应的向量表示。然后，将新的向量与已存储在向量数据库中的向量进行高维向量相似度匹配。

通过计算向量之间的相似度，可以判断新投诉与已有投诉的相似程度。如果相似度较高，说明新投诉可能属于已有的某一类别；如果相似度较低，则可能是一个新的类别或需要进一步分析。这种相似度对比的方法能够实现对噪声投诉对象的准确分类。对于一些存在歧义或难以明确分类的投诉，通过与多个相似向量的比较和综合分析，可以消除歧义，确定其准确的分类归属，从而确保每一个噪声投诉都能得到恰当的处理和分类，提高噪声投诉处理的准确性和效率。

3.3.7.2 大数据分析助力噪声投诉问题精准溯源

（1）历史数据分析

要实现噪声投诉问题的精准溯源，对历史数据的分析是基础。按照统一的流程和模型对噪声的所有历史投诉数据进行语义理解和提取，将其转化为向量表示并存储在向量知识库中。

在提取过程中，不仅要获取投诉对象、地点和类型等基本信息，还要深入挖掘投诉内容的关键信息，理解其上下文。这包括分析投诉者的描述方式、情感倾向、问题的严重程度等。通过对这些关键信息的提取和理解，可以更全面地把握历史投诉的情况，为后续的溯源分析提供更丰富的线索。

同时，对历史数据进行分类和标记，建立起清晰的索引结构，以便在需要时能够快速检索和调用相关数据。这有助于提高溯源分析的效率，减少不必要的时间和资源浪费。

(2) 新数据溯源

对于新的噪声投诉数据，利用智能模型进行同样的语义理解和提取操作，得到其向量表示。然后，通过向量知识库，将新数据的向量与历史数据的向量进行相似度比较。

根据相似度的高低，匹配关联新噪声投诉对象的历史相关投诉内容。如果新投诉与历史投诉在关键信息上具有较高的相似度，很可能意味着它们具有相同的根源或相关的影响因素。通过这种关联溯源，可以发现噪声问题的发展趋势和规律，找出潜在的共性问题，为制订更有针对性的解决方案提供依据。

精准溯源不仅能够帮助快速定位噪声问题的源头，还能够为制定长期的噪声治理策略提供支持。通过对历史和新投诉数据的综合分析，可以评估现有治理措施的效果，发现治理工作中的薄弱环节，从而不断优化和改进噪声治理方案。

3.3.7.3 人工智能多维校验噪声投诉处理成效

(1) 环保督察数据整合

为了全面检验噪声投诉处理的成效，首先需要收集和整合环保督察整改成果、问题解决情况等信息。将环保督察数据与之前处理的噪声投诉数据进行关联和整合，建立起相互之间的关系。

通过数据整合，可以清晰地了解哪些噪声投诉问题已经得到解决，哪些还在处理中，以及哪些可能出现了反复。这为后续的分析和校验提供了基础数据支持。

(2) 利用智能模型和向量数据库进行分析

利用智能模型对新的环保督察成果数据进行语义理解和提取，将其转化为向量表示。然后，通过向量知识库将整改对象与噪声投诉对象进行关联和相似度比对。

通过计算向量之间的相似度，可以确定新的环保督察成果数据中投诉内容和投诉对象与已有数据的关联程度。对于重点关注的噪声重复投诉对象，能够清晰地展示其历史投诉和新投诉的变化情况，从而实现对环保督察成果的检验和验证。这种基于智能模型和向量数据库的分析方法，能够快速、准确地处理大量的数据，发现潜在的问题和趋势，为评估噪声投诉处理成效提供有力的支持。

3.3.7.4 人工智能的进阶应用

（1）数据增强

对于原始的噪声投诉数据，实施一系列扩充策略以丰富其多样性。具体方式涵盖了随机地替换、增添或删减词语，以及对句子进行改写操作。此类操作旨在创造更多样化的语言表达形式，从而促使模型能够深入学习和掌握丰富的语言变化模式。

积极引入先进的对抗生成网络（GAN）技术，以此生成与原始数据相似但存在细微差异的数据样本。通过这一机制，为模型提供更多具有差异性但又保持一定相关性的数据，进而拓展模型的学习范围和应对能力。

（2）优化模型架构

审慎选择那些专为自然语言处理任务设计的深度学习模型，特别是基于 Transformer 架构的诸如 BERT、GPT 等模型。在选定模型的基础上，依据具体的噪声投诉数据处理任务，进行精细的微调操作，以确保模型与实际需求的高度契合。

合理增加模型的层数以及神经元的数量，旨在增强模型的表达能力和对复杂数据的处理能力。然而，在此过程中，必须谨慎把控，防止过拟合现象的出现，以确保模型的泛化性能。

（3）多模态数据融合

除了传统的文本数据之外，积极探索融合图像、音频等多模态信息的可能性，以全方位辅助模型深入理解噪声投诉的实际情境。例如，为模型提供噪声现场的直观图片或相关音频片段，从而丰富模型的信息输入渠道，提升其对噪声投诉场景的综合理解能力。

（4）引入领域知识

将与噪声相关的专业知识、法规政策等重要信息以特征的形式融入模型的输入环节，或者将其设定为模型的先验知识。通过这种方式，为模型的学习和推理过程提供明确的引导和约束，促使模型的输出结果更具专业性和合理性。

（5）超参数调整

系统地试验不同的学习率、正则化参数以及训练轮数等超参数的组合。通过广泛的试验和比较，探寻能够最大限度提升模型性能的最优超参数组合，实现对模型性能的精准优化。

（6）预训练与微调

利用大规模的通用语料对模型进行预训练，以获取通用的语言表示和理解能力。在此基础上，针对噪声投诉数据这一特定领域，进行有针对性的微调操作。通过这种方式，使模型能够更好地适应噪声投诉数据的独特特征和任务需求。

（7）模型融合

整合多个具有不同结构或训练方式的模型的预测结果，采用诸如投票、加权平均等综合策略，对这些结果进行整合和权衡，从而得出最终的语义理解和提取结果。通过模型融合，充分发挥各个模型的优势，提高整体的准确性和可靠性。

（8）人工标注与反馈

大力增加人工标注数据的数量，并致力于提高标注的质量和准确性。同时，有效利用人工标注的成果对模型进行反馈。借助强化学习等先进方法，引导模型学习并掌握更精确的语义理解和提取方式，持续优化模型的性能。

（9）监控与评估

在模型的训练进程中，持续且密切地监控其在验证集和测试集上的性能指标，例如准确率、召回率、F1 值等。通过实时的监控，及时洞察模型可能存在的问题，并采取相应的改进措施。运用多种全面且多样化的评估指标来综合评估模型的性能，避免仅仅依赖单一指标而导致的评估局限性。通过多维度的评估，获取对模型性能更全面、准确的认识。

（10）对抗训练

创新性地引入对抗训练机制，使模型能够学会区分真实数据和由对抗生成的噪声数据。通过这种方式，增强模型的鲁棒性和抗干扰能力，使其在面对复杂和噪声干扰的数据时，仍能保持稳定和准确的性能。

（11）迁移学习

若在相关领域存在已训练成熟的模型，巧妙地将其参数迁移至噪声投诉数据的模型之中。通过这种迁移学习的策略，加速新模型的收敛，提高其性能表现，充分利用已有模型的知识和经验。

（12）持续学习

构建一种能够使模型不断学习新的噪声投诉数据的机制，确保模型能够及时更新其知识储备和处理能力。通过持续学习，使模型能够适应不断变化的语言表达风格和投诉内容的特点，始终保持对最新数据的有效处理能力。

（13）结果对比与报告生成

将噪声投诉数据的处理结果与环保督察成果进行对比，是检验环保问题是否得到解决的重要环节。通过对比，可以直观地看出处理措施是否有效，是否达到了预期的目标。后续还可以结合智能模型进行整改报告文本分析。智能模型能够深入理解整改报告和历史投诉反馈信息，识别其中可能存在的问题或潜在风险。例如，整改措施是否落实到位，是否存在虚假报告等。根据分析结果生成详细的报告，总结环保督察后的成果，明确指出问题解决的情况和仍需改进的地方。结合系统的分析结果和专家的意见，为整改单位提供有针对性的反馈意见，促使其采取进一步的措施，确保环境问题得到彻底解决，不断提高噪声投诉处理的质量和效果。

3.3.7.5 实际应用案例

(1) 昆明市噪声投诉处理

随着城市建设的不断推进，噪声投诉问题日益突出。过去，由于采用传统的人工处理方式，投诉处理效率低下，分类不准确，导致很多问题得不到及时解决，居民满意度较低。引入噪声投诉的智能分析应用后，首先对历史投诉数据进行全面的清洗和整理，建立了向量知识库。通过智能模型的语义理解和提取，能够准确地识别出投诉对象、地点和类型，并将结果转化为 JSON 格式进行存储。

结合外部的建筑工地数据和 POI 数据进行空间聚类分析，发现了一些噪声投诉集中的区域，主要是建筑工地施工和交通繁忙导致。针对这些问题，相关部门采取了限时施工、优化交通流量等措施，取得了显著的效果。

在处理新的投诉时，通过与向量知识库中的数据进行相似度对比和分类消歧，能够快速确定投诉的归属和处理方式，大大提高了处理效率。经过一段时间的运行，昆明市的噪声投诉处理满意度明显提高，城市环境得到了有效改善。

(2) 噪声溯源与治理

对历史投诉数据的分析发现，某一区域的噪声投诉主要集中在特定的时间段和与某些工厂的生产活动相关。通过新数据的溯源，确定了近期的投诉与历史投诉具有相同的根源，即某工厂的设备老化导致噪声超标。相关部门对该工厂进行了检查和整改，要求其更换设备、加强隔音措施。同时，通过持续的监测和数据分析，评估整改效果，确保噪声彻底解决。

(3) 环保督察与成效校验

在环保督察期间对噪声投诉处理成效进行校验。

通过整合环保督察数据和噪声投诉数据，利用智能模型和向量数据库进行分析，发现一些重点关注的噪声重复投诉对象的问题得到了明显改善，但仍有部分区域存在整改不到位的情况。生成的整改报告详细指出了问题所在，并提出了进一步的改进措施和建议。相关部门根据反馈意见加强了监管和执法力度，推动整改工作的深入进行，最终实现了噪声投诉处理成效的显著提升。

3.3.7.6 面临的挑战与应对策略

（1）数据质量和隐私问题

在噪声投诉处理中，数据质量是影响分析结果准确性的关键因素。由于投诉数据来源广泛，格式多样，可能存在数据不完整、不准确、不一致等问题。此外，在数据处理和存储过程中，还需要确保数据的安全性和隐私保护，防止敏感信息泄露。

应对策略包括建立严格的数据采集和审核机制，对数据进行清洗、验证和纠错。同时，采用加密技术、访问控制等手段保障数据的安全和隐私。

（2）模型的准确性和适应性

智能模型的准确性和适应性对于噪声投诉处理的效果至关重要。然而，模型可能受到语言表达的多样性、新的噪声类型和投诉场景的出现等因素的影响，导致准确性下降或无法适应新的情况。为了提高模型的准确性和适应性，需要不断更新训练数据，优化模型算法，引入迁移学习、强化学习等技术。同时，建立模型评估和监控机制，及时发现和解决模型出现的问题。

（3）跨部门协作和数据共享

噪声投诉处理往往涉及多个部门，如环保、城管、交通等，跨部门协作和数据共享存在一定的困难。不同部门的数据标准和格式不一致，信息沟通不畅，可能导致工作效率低下和处理结果不准确。加强跨部门协作，建立统一的数据标准和共享平台，促进部门之间的信息流通和协同工作。通过定期召开联席会议、建立工作协调机制等方式，加强沟通和协调，共同解决噪声投诉问题。

3.3.7.7 总结

噪声污染作为一种普遍存在的环境问题，对城市居民的日常生活和身心健康产生了深远的影响。随着城市化进程的加速，噪声污染问题日益凸显，噪声投诉处理的智能化解决方案应运而生，为城市环境管理和居民生活质量的提升提供了新的机遇。本书综述了智能化技术在噪声投诉处理中的应用现状、面临的挑战以及未来的发展趋势，旨在为相关领域的研究和实践提供参考。

智能化技术在噪声投诉处理中的应用现状表明，智能分析应用、大数据溯源和人工智能多维校验等技术手段能够有效提升噪声投诉处理的精准性和效率。智能分析应用通过算法对噪声数据进行分类和识别，实现噪声源和类型的快速识别；大数据溯源技术通过历史数据挖掘，追踪噪声源的分布和变化趋势；人工智能多维校验技术通过机器学习算法，自动识别和过滤异常噪声数据，提高数据处理的准确性和可靠性。然而，在实际应用中，噪声投诉处理的智能化解决方案仍面临诸多挑战。技术层面，现有算法和模型的适应性和泛化能力有待提高，以应对噪声环境的复杂性和多变性；管理层面，跨部门协作和信息共享机制尚不完善，影响了噪声投诉处理的效率和效果；公众参与度方面，公众对噪声污染的认识和参与意识有待加强，以形成全社会共同参与噪声治理的良好氛围。

针对上述挑战，本书提出了相应的应对策略。技术层面，需要不断优化算法，提高系统的适应性和准确性；管理层面，加强部门间的信息共享和协作，形成协同治理的格局；公众参与度方面，通过教育和宣传活动，提高公众对噪声污染的认识和参与度。展望未来，人工智能和大数据技术在噪声投诉处理领域的融合和创新将为噪声治理带来新的机遇。深度学习算法的应用将实现更精确的语义理解和预测，提高噪声事件的预警和响应能力；物联网技术的结合将实现实时的噪声监测和数据采集，为城市噪声管理提供实时数据支持。

噪声投诉处理的智能化解决方案为城市环境管理和居民生活质量

的提升提供了新的思路和方法。随着技术的不断进步和管理的不断完善，噪声投诉处理工作将更加高效、准确，为人们创造更加安静、舒适的生活环境。智能化技术在噪声投诉处理中的应用具有广阔的前景和潜力。未来，期待智能化技术在噪声治理领域的进一步发展和创新，为构建和谐宜居的城市环境贡献力量。通过跨学科的研究和实践，将不断探索和优化噪声投诉处理的智能化解决方案，以应对日益严峻的城市噪声污染问题，提高城市居民的生活质量和幸福感。

第4章 宁静行动

以昆明市为例，昆明市严格落实《噪声法》和《行动计划》相关要求，在《昆明市“十四五”生态环境保护规划》《昆明市深入打好污染防治攻坚战实施方案》《昆明市生态文明建设排头兵规划（2021—2025 年）》等规划中均明确了“宁静行动”相关要求。

宁静行动主要是“四减一防”，即减少社会生活噪声、减缓交通噪声、减少建筑施工噪声、减少工业噪声，开展噪声源头预防。

4.1 实施宁静行动目标

深化“四减一防”（减少社会生活噪声、减缓交通噪声、减少建筑施工噪声、减少工业企业噪声，开展噪声源头预防）措施，缓解噪声扰民问题。到 2025 年，区域环境噪声平均值不高于 53dB，交通干线噪声平均值不高于 66dB。

4.1.1 强化声环境功能区达标管控

按照各县（市）区、管委会声环境功能区划分（2019～2029 年）

要求，加强主城区声环境功能区管理。各县区按照精细化管理要求开展噪声污染防治规划，落实声功能区划、噪声污染防治各项措施方案，给人民群众创造更加适宜的生活环境。

4.1.2 持续加强工业噪声污染防控

贯彻执行《工业企业厂界环境噪声排放标准》，优化城市空间布局，严禁在居民密集区、学校、医院等附近新建、改建、扩建有噪声或震动危害的企业、车间和其他设备装置。加强工业园区噪声污染防治，禁止高噪声污染项目入园区，新建、扩建、改建的项目要严格将防治噪声污染纳入环境影响评价和“三同时”内容。鼓励企业采用低噪声的机械和生产流程。大力查处工业企业噪声排放超标扰民行为，确保工业园区环境噪声满足功能区要求。

4.1.3 建立智能化的施工噪声控制体系

在昆明市环境污染投诉案件中，昆明市施工噪声扰民投诉事件已高居榜首，“十四五”期间应引起高度重视，将施工噪声环境影响问题作为“十四五”期间污染治理攻坚重要内容之一，加大工程和管理力度，充分与住建、城管等部门之间建立联防联控机制，利用已有监测、监控及信息平台，同时扩大硬、软件设施服务范围，提高噪声污染智能化控制水平。

4.1.4 注重交通噪声综合防治

完善交通防噪基础设施，在噪声敏感区路段采取加装声屏障、隔声窗、绿化防护带等降噪措施。提高绿色出行交通，不断提高城市公交分担率。重点加强地铁、高架道路、铁路沿线的隔声屏障建设，确保道路两侧区域交通噪声满足《声环境质量标准》（GB 3096—2008）的要求。注重声环境敏感区防护，在居民住宅小区集中式居民区、学校、医院、行政办公等场所，规定夜间限制车辆通行的路段、时段或速度，以减少交通噪声的影响。在噪声敏感建筑物集中区域根据需要划定禁鸣区域。

4.1.5 加强社会生活噪声监管

① 部门联动，综合治理。加强环保局与城管、公安、工商、文化、建设、园林等相关部门协调配合，明确部门职责，分工合作。

② 依法严控商业活动噪声。按照《昆明市娱乐场所管理条例》《昆明市餐饮业环境污染防治管理办法》，强化饮食业、宾馆、娱乐场所等服务业噪声源的管理，使其边界噪声达到国家规定的环境噪声标准。禁止商业经营活动在室外使用音响器材招揽顾客。

③ 持续创建“宁静小区”，治理生活噪声。加大生活噪声社会化管理力度，对室内装修进行严格规范。加强宣传教育，做好社区的噪声污染控制。针对广场舞的噪声污染，采用安装噪声监测装置、人员巡视、试点对广场舞和音乐固定源登记造册、组织团队负责人约谈、签订文明健身承诺书、鼓励其佩戴蓝牙耳机等方法进行防控。

4.1.6 妥善解决噪声扰民投诉

加强噪声监督管理，在相关部门内部设立噪声投诉热线与监督处理机构，设专人专职。加强噪声污染信访投诉处置，畅通各级环保、公安、城建举报热线的噪声污染投诉渠道，及时处理市民投诉举报，切实解决噪声污染扰民问题。

4.2 宁静小区

《“十四五”噪声污染防治行动计划》提出推动建设宁静小区。印发建设宁静小区指导文件，鼓励各地根据实际情况细化指标，号召居民住宅区自发组织宁静小区建设，提高居民满意度，并向社会宣传推广，鼓励宁静小区设置噪声自动监测和显示设施。

4.2.1 宁静小区建设实践探索

2023 年 5 月 30 日，生态环境部印发《关于开展第二批噪声污染防治试点（宁静小区建设）工作的通知》，通过开展宁静小区试点工作，各试点城市在宁静小区建设模式、指标体系、管理路径、职责分工、长效机制等方面开展探索尝试，为在全国范围内推进宁静小区建设工作提供参考借鉴。

本次试点在天津市、上海市、浙江省杭州市和嘉兴市、福建省厦门市、重庆市、云南省昆明市开展。

（1）试点城市工作亮点

亮点 1：上海根据小区规模与建筑形式、内外部环境、管理特点等因素筛选、确定 27 个小区作为试点小区，研究采取星级评定方式。昆明市在主城区、地级市、郊县区、新城区不同地区选取不同类型小区开展试点创建，根据不同小区类型制定不同的评选考核标准。通过上海和昆明的研究探索，为降低宁静小区建设门槛，扩大建设范围提供典型示范。

亮点 2：杭州市通过安装的 14 台噪声自动监测设备实现噪声提前预警并将噪声预警信息纳入基层治理数智平台，深度融合基层社会网格化治理体系，建立“1560”高效闭环机制（1min 派单，5min 到场，60min 解决），实现噪声污染问题平均处置时间由 5d 缩减为 1h 的巨大突破。

亮点 3：杭州市建立“1＋8”（以街道为主体，环保、城管、住建、交通、交警、公安、文旅、市场监管等 8 个职能部门）综合执法体系和“综合查一次”制度，杭州市拱墅区宁静小区自建设以来，信访投诉量同比下降 30％，通过宁静小区建设，从而减少噪声投诉量，其作用和功能正在显现。

亮点 4：厦门市发布全国首个宁静小区地方标准《美丽家园住宅区环境保护规范宁静小区》。

（2）长效机制建设探索进展

长效机制建设探索 1：上海市嘉定区设立课题研究噪声形成机制及防治方法，建立奖励制度。对于表现优秀的家庭和个人，给予奖励。

长效机制建设探索 2：重庆市生态环境局同市住建委达成共识，在“巴渝先锋示范物业”建设活动中设置宁静小区建设相关要求，将物业公司建设宁静小区作为物业信用评价、星级物业评定加分项，激发宁静小区建设动力。

长效机制建设探索 3：浙江省嘉兴市生态环境局平湖分局对接当湖街道和建设局物业管理中心，共同商讨制定宁静小区建设成功后对建设单位（社区和物业）考核、奖励等方面的激励政策，充分调动建设单位的工作积极性。

（3）非试点城市建设动态

非试点城市建设动态 1：湖南省长沙市对 2023 年 15 个被评定为“宁静小区”（噪声控制示范区）的每个小区建设主体给予 8 万元奖励。

非试点城市建设动态 2：深圳市正式印发实施《深圳市宁静城市建设规划（2023—2027 年）》，该文件是全国首个宁静城市建设规划。

4.2.2 宁静小区创建基础（以昆明为例）

根据《生态环境部关于开展第二批噪声污染防治试点（宁静小区建设）工作的通知》，昆明市为全国 7 个试点城市之一，云南省唯一一个宁静小区试点城市。昆明市人民政府高度重视此项试点工作，市政府分管领导立即做出批示，明确将根据工作开展进展情况到现场查看和督促“宁静小区”创建工作。在省厅来文要求的住建、公安、城管、文明办职能部门共同参与的基础上，将财政、交运、信访部门一同纳入工作体系，共同推进创建试点工作。

昆明城市主要围绕滇池及其周边发展，产业结构不断转型，截至2023年一季度，一、二、三次产业结构3.6∶26.3∶70.1，三产比例优势明显。主城区房地产业发达，居住环境优良，根据昆明市城乡住房建设局提供的资料显示，至2022年绿色建筑占比达到84.84%，并已开展生态绿色小区评选工作。

昆明市紧密围绕生态环境部目标要求，从制定工作方案、评选标准、评估流程、工作机制等方面先创先试，边探索边修改；在先期“宁静小区”建设成果和《宁静小区建设评价大纲》基础上，细化昆明市评选标准，探索升级版的“宁静小区2.0”模式，积极贯彻落实《中华人民共和国噪声污染防治法》相关要求，以更高标准、更严要求，进一步提升宁静小区创建成效。

昆明市制定评选标准本着分级分类的原则，一级指标主要参照国家标准，结合昆明市原有的创建经验、投诉及现状监测情况，拟在二级指标中按照不同板块（主城区、地级市、郊县区）、不同小区类型制定不同的评选考核标准（考虑降低投诉率、提升声环境质量、提高群众满意度、完善管理制度等）。

（1）生态绿色小区评选效果初显

2020年4月，云南省住房和城乡建设厅印发了《关于进一步加强云南省绿色生态小区评审工作的通知》，截至2023年6月，昆明市共有11个小区通过验收并公示，主要位于昆明市五华区、官渡区。

（2）生态环境领域绿色创建成效显著

根据2019年昆明市生态环境宣传教育中心提供的数据，2016～2019年三年中，昆明市绿色学校创成98所，绿色社区创成46个，环境教育基地18个。

（3）宁静小区已有创建基础

昆明市早在“十二五”期间，就启动了宁静小区的创建工作，具体由昆明市生态环境局负责组织实施，截至2017年，共计创建160个宁静小区，为提升居住区声环境质量、提高居民生态环境健康素养水平做出了重要努力。

4.2.3 创建方式

(1) 双模式创建

昆明市考虑到新、旧小区硬件设施和周边环境差距大的影响，拟开展两种模式的创建试点工作。

① 模式一。在现有基础较好的小区（新建设交房或高档住宅小区）进行创建，要求这个类型的小区保持现有的基础和宁静环境。在小区公约中增加噪声管理制度，在小区业主群、公告栏等渠道加大“宁静小区”宣传，实现好上加好，静中更静。

② 模式二。在部分基础条件不够好、周边环境情况复杂（有主要交通干道、商业区、市民活动区域等）的小区进行创建，这类小区主要位于中心城区，难以全面解决噪声扰民问题，主要考虑结合社区文明创建、低碳社区创建等工作，加强对周边商业区（比如限定商家宣传广播时段、音量，规范占道经营等）、居民活动区域（比如广场舞活动场地规定在指定区域，限定时间、分贝数等）管理，在交通噪声敏感区域设置禁鸣标识（如小区周边学校、医院等），指导小区物业加强对文明养犬、邻里纠纷、装修施工、设施设备等管理，提升小区的声环境质量，降低居民噪声投诉率。

通过开展宁静小区建设试点工作，各试点城市在宁静小区建设模式、指标体系、管理路径、职责分工、长效机制等方面开展探索尝试，为全国范围内推进宁静小区建设工作提供参考借鉴。

(2) 评价指标

① 声环境质量。小区声环境质量总体达到声功能区要求，并不断改善。

② 基础设施。居住小区及周边营业性文化娱乐场所、商业经营活动使用的设备设施噪声应符合社会生活噪声排放限值要求，居住小区内部共用设备的噪声应满足民用隔声设计相关规范要求，或无

投诉。

③ 入住率。小区面积、建筑面积、居民户数、实际居住率等应具有一定规模和要求。

④ 工作机制。明确居委会、物业、业主委员会等任务。

⑤ 居民公约。小区应制定并公示居民公约。

⑥ 管理制度。制定有关噪声管理制度和管控措施。联合小区周边、小区管辖范围内的商业、配套服务业等企事业单位和个体经营者共同参与宁静小区建设活动。

⑦ 标识与宣传。在小区或建筑物醒目位置设置宁静素养的宣传语、提示标语、提示牌。小区定期或不定期组织开展噪声污染防治宣传活动。

⑧ 公众参与。小区设置投诉渠道并告知居民。向小区居民招募成立生态环境保护志愿队伍，开展小区噪声污染防治日常监督和宁静小区建设工作。采取抽样问卷调查或座谈会形式调查居民对小区内声环境质量满意率。

⑨ 创新机制。采用数字技术、智能化等手段，建立长效机制措施等。

4.2.4 主要短板

(1) 城区复合型噪声污染影响问题突出

昆明市是西南地区重要省会城市，承载着全省最大经济和最多人口体量，也是全省重要的交通枢纽地，因此城区交通、建筑、工业、商业、社会生活等多种噪声源集聚，声环境总体提升的压力较大。

(2) 城区居民小区大多受交通、施工、商业等噪声影响

一方面，伴随着城区交通等基础设施的不断完善，以及城区土地开发、老城区改造，商业活动不断繁盛，噪声源众多；另一方面，主城区小区建设过程中交通、生活便利同样重要，因此难免受到各种噪声影响。

(3) 居民小区绿地等噪声防护设施不足

受主城区开发用地限制，众多小区在规划建设时并未留出足够与交通枢纽及干线、集贸市场等主要噪声源之间的距离或隔离区域绿化结构不合理，噪声防护效果有限。

(4) 居民生态环境与健康素养有待提升

2023年，昆明市启动首轮居民生态环境与健康素养监测工作，依初步摸底情况，居民生态环境与健康素养水平仍有待提升。居民对环境噪声的基本认知、噪声防护知识、主动行动意识仍然不足。

4.3 宁静单元

4.3.1 宁静校园

在学习上、生活中，大家也许常常被噪声污染所影响，有时，也许会因为噪声而引发了一连串的“蝴蝶效应”，因此，噪声所带来的危害是不可避免的。

提升校园的学习和生活环境，营造一个和谐安静的校园氛围。很多学校已经开始推行宁静校园的相关规定：校园严禁大声喧哗。

① 大声喧哗严重影响了其他师生的正常学习和生活。作为一个学习的场所，校园环境的安静与整洁对于学生们的学业成绩和身心健康至关重要。大声喧哗不仅会导致课堂上的注意力分散，而且会干扰他人的复习和研究工作。因此，需要每位师生都自觉遵守室内和室外静默的规定，以确保学习和教育的质量。

② 大声喧哗也会给校园安全带来潜在的隐患。校园内经常出现人群拥挤的场景，在这种情况下，大声喧哗会引发混乱和恐慌，甚至导致人员伤亡的风险。为了避免这种悲剧的发生，敦促大家保持安静和秩序。信息可以通过书面通知、电子邮件或其他合适的方式，不必以大声喧哗的方式来传递。

③ 大声喧哗不符合良好的社交礼仪和公民素质。作为一名受过

教育的学生，应该时刻保持礼貌和文明。

4.3.2 宁静车厢

为了提供安静的氛围，静音车厢内的语音播报音量通常是正常音量的30%～40%。乘务员会了解每位旅客的到站信息，并为他们提供个性化的到站提醒服务。乘务员还会在静音车厢内提醒乘客保持安静。此外，餐饮服务人员在进入静音车厢时会停止对商品的介绍，但乘客可以通过扫描二维码来订购餐饮服务。此外，静音车厢还提供眼罩、耳机、止鼾器等“静音”商品，以满足乘客的需求。这些措施旨在为乘客提供更加宁静的旅行环境。

然而，乘客对静音车厢的体验各有不同。有些人表示，在静音车厢内，乘客通常会自觉保持安静，只能听到高铁行驶的声音，这种安静的氛围让人感到很愉快。然而，也有人认为静音车厢并不总是能提供真正的宁静，而实际体验可能因乘客行为的不同而异。一些乘客建议，在乘客上车时，乘务员应提醒他们车厢是静音车厢，并积极监管噪声，以确保所有乘客都能享受宁静的旅行。

4.3.3 宁静餐馆

广大顾客朋友们应注意，为了健康安全，避免造成噪声扰民。在用餐时，将手机处于静音状态。不得使用喇叭、音响等设备进行宣传及叫卖等活动，干扰他人工作和休息。所有烧烤炉具一律入室经营，采用无烟环保烧烤炉，安装排烟净化设备并及时清洗，禁止在店外摆放烧烤引火炉。烧烤商户周边有居民住宅的，操作间窗户必须关闭，排烟设备产生噪声过大不符合标准的及时更换，不得影响周边居民休息。

① 文明就餐勿喧哗，周围环境更和谐。

② 劝君多一份素食，多一点素质，少一分吵闹。

③ 文明就餐莫大声喧哗，和谐安静有礼才好。

④ 文明就餐勿喧哗，做到“礼”字头。

4.4 宁静家庭

一项关于家庭环境对孩子成长影响的研究引起了社会广泛关注。研究显示，一个安静、自律且温馨的家庭氛围，能显著促进孩子的学业成绩和个人发展。

研究表明，家庭环境中的细微差别可能对孩子的未来产生深远影响。例如，有父母在孩子写作业时刻意避免看电视、大声交谈或进行其他娱乐活动，而选择出门工作或安静地进行自己的事务，这样的家庭通常能够培养出专注且自律的孩子。

反面案例亦不鲜见，如一名学生因家中噪声干扰无法集中精力学习，成绩一直不佳。经过家访发现，孩子的奶奶经常在晚上组织打扑克活动，吵闹声让孩子难以专心。在奶奶意识到问题并改正后，家庭环境变得宁静，孩子的学业也因此得到改善。

“父母应该意识到他们在家中的行为模式直接影响着孩子。想要培养出积极向上的下一代，首先需要从营造一个有利于成长的家庭环境开始。”中国教育科学院曾进行调查发现，稳定和谐的家庭氛围是影响孩子学业成绩和性格形成的重要因素之一。此外，父母阅读习惯也会间接影响孩子对书籍和知识的态度。心理学专家指出：“原生家庭对个体心理发展具有决定性作用。一个充满阳光、稳定且温暖的家庭背景能为孩子提供强大精神支撑。”

4.5 降噪从我做起

4.5.1 降噪意识

（1）意识提升

① 正在装修的住户合理安排施工时间，并尽量控制施工噪声；

② 车辆进入小区切勿鸣笛，检查车辆防盗报警系统防止误报影响周边住户；

③ 切勿在小区内大声喧哗，禁止夜间打麻将等产生噪声；

④ 将家中的电视、音响等发出声响的电器音量调低，避免对周围家中有考生的住户产生任何干扰；

⑤ 提醒家中老人在高考和中考前夕及考试期间，控制广场跳舞时的音量；

⑥ 家有爱犬的住户照顾好自己的爱犬，避免犬吠扰民。

（2）公众参与

① 居民对小区环境质量满意率。数据通过问卷调查及随机走访小区居民获得。

② 居住小区半年内噪声投诉数量。数据来源于 12345、市长信箱、信访部门等相关平台数据中小区内部噪声投诉。

③ 开展噪声污染防治宣传及培训活动。每年社区居委会或者物业管理部门在小区内开展至少一次以上宣传活动。平时印发创建宣传资料；设置环境保护宣传栏、显示屏等；设置安静文明提示标语及提示牌（限速、禁鸣、禁止燃放烟花爆竹、文明养宠等）或者环境保护宣传海报；组织线上宣传活动。

④ 如何加入环保志愿者队伍。可以通过与当地生态环境保护管理部门、生态环境保护学会、协会等组织进行联系，加入环保志愿者行列。

4.5.2 宣传教育

① 知识经不起打扰，请保持安静。

② 和书籍交流的最佳途径是静静地阅读。

③ 心与心的交流需要静静地聆听。

④ 流水无情人有情，劝君请让楼清静。

⑤ 低声喧哗，益人利己。

⑥ 你的轻声细语是对大家的尊重。

⑦ 宁静创造和谐美。

⑧ 须宁静以致远。

⑨ 文明礼貌切勿喧哗。

⑩ 安静是一种美，无声的美。

⑪ 此时无声胜有声。

⑫ 知识在沉默中爆发。

⑬ 安安静静，文文雅雅。

⑭ 书籍在沉思，请你别吵闹。

⑮ 一方静土，你我用心营造。

⑯ 安坐细读，感恩如斯。

4.5.3 自我防护与他护

(1) 听音乐戴耳机也可以很开心

首先，它能够提供更好的音乐体验。在嘈杂的公共场合，戴耳机可以隔断外界噪声，使人专注于音乐中。其次，对于喜欢锻炼的人来说，戴耳机能够增加运动的动力，帮助节奏更加稳定。最后，戴耳机听音乐可以享受私人音乐，隔离噪声，改善身体健康，提高生活体验。再者，戴耳机也有助于减轻焦虑和压力，提高工作效率。当然也要注意休息，根据世界卫生组织的建议，每人每天戴耳机的时间最好不要超过1h，时间过久记得摘掉耳机休息5～10min。

(2) 遇到可能产生噪声的行为自行降噪

① 合理布置家具。尽量不要将电器集于一室，声压级过高的不要放在或靠近办公室。合理的家具布置也可以有效减少噪声的传播。可以将书架等大件家具放在墙壁上，这样可以减少噪声的反射和传播。此外，还可以在房间中放置一些吸音材料，如地毯、窗帘等，这也可以有效减少噪声的传播。

② 及时排除电器故障。带病工作的电器比正常工作的声音大得

多，故一旦发生故障，一定要及时排除。

③ 养花草。养花草可消除部分噪声。

④ 对于振动摩擦这些中低音，可以采用地毯、织物甚至吸（隔）音棉等来减弱它们对室内的影响。在床脚加装胶垫也可以减轻一定的振动感，床垫采用棕榈垫也要比采用弹簧的席梦思好。

⑤ 地板材料对隔音效果有着非常大的影响。如果居住的房间是木地板或者瓷砖地板，那么可以在下面加一层防噪声材料，如橡胶材料，可以有效减少楼上脚步声的传播。

⑥ 隔音天花板的安装可以有效减少楼上走动、家具移动、卫生间使用等所产生的噪声。可以在原有天花板上再装一层新的吊顶，并在两层之间填充隔音材料，如玻璃棉、聚酯纤维吸音棉或岩棉等。这样可以减少噪声的穿透，让居住环境更加安静。

（3）如果你正被马路边的噪声所困扰

① 对付噪声的最好办法就是窗户要严封，不管是单层窗还是双层窗，密封是最主要的。从现在的技术水平来说，用塑钢窗来作为密封的手段是最有效的装修方案。对于已经采用铝合金的用户，应该确保铝合金的边框的密封条完好。相对而言，铝合金窗的密封性要比塑钢窗差。窗户密封解决了，下一步就是要使其更密封。在塑钢窗中采用中空玻璃就是一个很有效的办法。因为最令人难以接受的往往是高音部分，而高音是直线传播的，用玻璃可以使其大部分反射，中空玻璃则可以使其没有反射的部分消耗殆尽。

② 现在有一些房子采用轻质砖（空心砖）做外墙，这些材料密封性较差，如果所处公路边对生活影响很大的话，还可以在靠马路的墙上做一道木方（轻钢）加纸面石膏板内充吸（隔）音棉的夹层，然后再用墙纸之类的装饰表面（当然也可以采用普通的墙漆处理表面）。

③ 如果邻居是一个爱唱卡拉 OK 或者爱打鼓的人，那么可以考虑加装隔音墙板。这些隔音墙板通常由吸音棉或者泡沫材料制成，可以减少声波的反射和传播。可以将隔音墙板安装在墙上或者天花板上，来减少楼上噪声的传播。

④ 如果需要在噪声环境下工作或学习，那么可以考虑使用隔音耳塞或者头戴式耳机。这些耳塞或者耳机通常由吸音棉材料制成，可以隔离噪声，让人专心于工作或学习。

（4）职业噪声防护措施

① 控制噪声源。根据具体情况采取适当的措施，采用无声或低声设备代替发出强噪声的设备，提高机器制造的精度，或在进行工作场所设计时，合理配置声源。

② 控制噪声传播。在噪声传播过程中，应用隔声、吸声、消声和隔振与减振等技术。比如，采用吸声材料装饰在车间的内表面，如墙壁或房顶，或在工作场所内悬挂吸声体，吸收辐射和反射的声能，使噪声强度降低。

③ 个体防护。对于因各种原因，生产场所的噪声强度暂时不能得到控制，或需要在特殊高噪声条件下工作时，应佩戴个人防护用品以保护听觉器官，其中最常用的是耳塞。

④ 健康监护。定期对接触噪声的工人进行健康检查，特别是听力检查，观察听力变化情况，以便早期发现听力损伤，及时采取有效的防护措施。噪声作业工人应进行上岗前体检，取得听力的基础材料，凡是有听觉器官疾患、中枢神经系统和心血管系统器质性疾患或自主神经功能失调者，不宜参加强噪声作业。

⑤ 管理措施。噪声作业工人应适当安排工间休息，休息时应离开噪声环境，以消除听觉疲劳。此外，还需经常检测车间噪声，监督检查预防措施执行情况及效果。

（5）防噪声隔音材料

隔音材料是用来减少声音传播和传递的材料，通常用于建筑物、车辆和工业设备中，以减少噪声对周围环境和人的影响。隔音材料可以有效隔离声音，提高环境的舒适度和安静度。

对于隔声材料，要减弱透射声能，阻挡声音的传播，就不能如同吸声材料那样多孔、疏松、透气，相反，它的材质应该是重而密实的，如钢板、铅板、砖墙等一类材料。隔声材料材质的要求是密实，无孔隙或缝隙，有较大的重量。由于这类隔声材料密实，难以吸收和透过声能而反射能强，所以它的吸声性能差。

在选择隔音材料时，需要考虑材料的隔音效果、成本、耐久性和施工难度等因素。常见隔声材料：

① 吸音板。吸音板是一种常见的隔音材料，通常用于室内装饰和隔音处理。它具有良好的吸音效果，可以有效地减少室内噪声，并改善声学环境。吸音板通常由吸音棉、泡沫塑料或聚酯纤维等材料制成，具有轻质、易安装的特点。

② 隔音隔热复合材料。隔音隔热复合材料是一种集隔音和隔热功能于一体的材料，通常用于汽车、船舶和建筑等领域。它由隔热层和隔音层组成，能够有效地隔绝外界噪声和热量，提高车辆和建筑物的舒适度。

③ 隔音玻璃。隔音玻璃是一种专门用于隔音的玻璃制品，具有优异的隔音效果。它采用双层或多层玻璃板结构，中间夹有隔音膜或隔音层，可以有效地减少室内外噪声的传递，提高室内环境的安静度。

④ 隔音墙体材料。隔音墙体材料是一种用于建筑墙体隔音处理的材料，通常包括隔音隔热砖、隔音隔热板等。这些材料具有良好的隔音效果，可以有效地减少墙体传声，同时也能隔热，提高建筑物的舒适度。

⑤ 隔音地板材料。隔音地板材料是一种用于地面隔音处理的材料，通常包括隔音地板、隔音垫等。这些材料具有良好的隔音效果，可以有效地减少楼板传声和脚步声，提高室内环境的安静度。

⑥ 隔音隔热涂料。隔音隔热涂料是一种涂刷在建筑物表面的材料，具有隔音和隔热的功能。它可以有效地减少建筑物外墙和屋顶的传声和传热，提高建筑物的舒适度。隔音材料种类繁多，每种材料都有其独特的隔音特点和适用场合。在选择隔音材料时，需要根据具体的使用环境和需求来进行合理的选择，以达到最佳的隔音效果。同

时，在使用隔音材料时，也需要注意施工质量和维护保养，以保证隔音效果的持久性和稳定性。

4.5.4 自身健康很重要

① 自我调节。如果长期从事接触噪声的工作，在工作时应佩戴防护耳罩、耳塞等，可以有效抵御噪声，也应避免待在有噪声的环境中，同时应注意多休息，保证充足睡眠。饮食上可以多吃富含维生素的食物，如橙子、菠菜等，增强自身抵抗力，从而降低噪声对身体的伤害。

② 心理调节。如果个人长期工作压力过大，过于焦虑，可能会导致神经系统功能紊乱，神经系统无法有效控制噪声，从而出现对噪声敏感的现象。个人应保持良好的情绪，可以通过听舒缓的音乐进行调节，也可以与家人朋友交谈，缓解工作压力，消除焦虑，从而降低对噪声的敏感度。

③ 药物治疗。个人长期接触噪声出现耳鸣、头痛、听力下降等症状，可能是由神经性耳鸣所导致。此时可在医生指导下服用药物，改善耳部神经功能，增强对噪声的耐受力。

④ 正规治疗。如果个人患有焦虑症，受到噪声刺激后可能会导致焦虑症发作，出现心悸、头晕、呼吸困难等症状，从而引起对噪声的敏感。此时可以进行心理疏导，也可以进行音乐疗法，促进大脑分泌内啡肽，缓解对噪声的敏感。

附　录

昆明市声环境管理体制机制

第一条　为了防治环境噪声污染，创造安静适宜的人居环境，保护人体健康，根据《中华人民共和国环境噪声污染防治法》《中华人民共和国治安管理处罚法》的规定，结合本市实际，制定本办法。

第二条　本办法所称环境噪声，是指在工业生产、建筑施工、交通运输和社会生活中产生的干扰周围生活环境的声音。

本办法所称环境噪声污染，是指所产生的环境噪声超过国家规定的环境噪声排放标准，并干扰他人正常生活、工作和学习的声音。

第三条　本市行政区域内向周围环境排放噪声的单位和个人，应当遵守本办法。

第四条　市、县（市）区环境保护行政主管部门负责对所辖区域的环境噪声污染防治实施统一监督管理，并具体负责工业、建筑施工噪声污染防治的日常监督管理。

公安部门具体负责交通噪声、社会生活噪声污染防治的日常监督管理。

规划、建设、文化、工商、交通等部门应当按照各自职责，共同做好环境噪声污染防治工作。

第五条　任何单位和个人都有保护环境的义务，对造成环境噪声污染的，有权制止、检举、控告。

环境噪声监督管理部门对于环境噪声污染的检举、控告，应当及时受理，依法查处。

第六条　产生环境噪声的建设项目以及其他生产经营活动，应当符合经市人民政府批准的《昆明市环境噪声功能区划》要求。

第七条　规划部门在确定建设布局时，应当依据市人民政府批准的《昆明市环境噪声功能区划》及相关的规划、建筑设计规范，合理划定建筑物的防噪声距离，并提出相应的规划设计要求。

第八条　产生环境噪声污染，按照国家规定需要申报的单位，应当到所在地的县级以上环境保护行政主管部门办理排污申报登记。

已办理排污申报登记的单位，其噪声源的种类、数量和噪声强度有重大改变的，应当提前15日到原登记部门办理变更登记。

第九条　拆除或者闲置噪声污染防治设施的，应当提前10日向所在地的环境保护行政主管部门申报，经批准后方可实施。

环境保护行政主管部门应当自接到申报之日起5日内作出同意或者不同意的决定。

第十条　排放噪声超过国家规定的环境噪声排放标准的，应当按照国家规定缴纳超标准排污费，并采取措施进行治理。

第十一条　对于在医疗区、文教科研区、机关办公区、居民住宅区等噪声敏感建筑物集中区域内造成严重环境噪声污染的单位和个体工商户，应当责令其限期治理。限期治理的决定权限，按照国务院的规定执行，其中，对小型企事业单位和个体工商户的限期治理决定，可以由县级以上环境保护行政主管部门作出。

被责令限期治理的单位和个体工商户，应当按期完成限期治理任务，并应当定期向所在地环境保护行政主管部门报告治理进度情况。

对于排放的噪声对周围生活环境造成污染又缺乏有效治理措施的单位和个体工商户，由环境保护行政主管部门报经同级人民政府批准，责令其停业、搬迁、关闭。

第十二条　工业企业和个体工商户向周围生活环境排放噪声，应当符合国家规定的工业企业厂界噪声排放标准。

第十三条　禁止在下列区域内新建、扩建排放环境噪声的工业企业：

（一）医疗区、文教科研区、机关办公区、居民住宅区；

（二）风景名胜区、自然保护区、旅游度假区、重点文物保护区。

第十四条　禁止在医疗区、文教科研区、机关办公区、居民住宅区等噪声敏感建筑物集中区域内从事机械加工、汽车维修等产生环境噪声污染的经营活动。

本办法实施前，前款规定区域内已从事经营活动且噪声排放不达标的单位，应当按照国家规定的工业企业厂界噪声排放标准，采取相应治理措施进行治理。

第十五条　产生环境噪声污染的工业企业，应当对设备进行合理布局，采用低噪声设备，改进工艺，并采取吸声、消声、隔声、隔振和减振等治理措施，减轻环境噪声污染，达到工业企业厂界噪声排放标准。

第十六条　建筑施工单位应当采取有效措施，降低施工噪声污染，所排放的建筑施工噪声，应当符合国家规定的建筑施工场界噪声限值。

第十七条　主城建成区内，建筑施工过程中使用机械设备，可能产生环境噪声污染的，施工单位应当在工程开工前十五日向工程所在地的县（市）区环境保护行政主管部门申报该工程的项目名称、施工场所和期限、可能产生的环境噪声值以及所采取的环境噪声污染防治措施的情况。

第十八条　主城建成区内，禁止在12时至14时、22时至次日6时进行建筑施工作业，但抢修、抢险作业和因混凝土浇灌、桩基冲孔、钻孔桩成型等生产工艺需要连续作业的除外。

其他需要禁止建筑施工作业的区域和时间，由各县（市）区人民政府决定，并向社会公告。

第十九条　因混凝土浇灌、桩基冲孔、钻孔桩成型等连续作业必须进行夜间施工的，施工单位应当在施工前三日持市建设行政主管部门证明，到所在地的县（市）区环境保护行政主管部门登记，并在施工地点以书面形式向附近居民公告。

第二十条　中考、高考前七日内和中考、高考期间的18时至次日8时，禁止在文教科研区、居民住宅区进行产生噪声的建筑施工作业。

中考、高考期间，考点周围500米范围内，禁止所有产生环境噪声污染的建筑施工作业。

第二十一条　按照后建服从先建的原则，医疗区、文教科研区、机关办公区、居民住宅区等噪声敏感建筑物集中区与城市道路之间应当保持一定的退让距离。退让距离不能保证的，建设单位应当采取设置隔声屏障等有效措施减轻、避免交通噪声污染。

第二十二条　凡在本市行政区域内行驶的机动车辆，应当安装完整有效的消声设备和符合规定的喇叭，整车噪声应当符合机动车辆噪声排放标准。

第二十三条　主城区二环路以内的区域，禁止机动车鸣喇叭，但执行消防、救护、工程抢险、公安警备等任务时的特种车辆除外。

机动车在禁止鸣喇叭的区域遇紧急情况时，一次鸣喇叭的时间不得超过0.5秒钟，连续鸣喇叭不得超过三次。严禁长鸣喇叭。

其他需要禁止鸣喇叭的区域，由各县（市）区人民政府决定，并向社会公告。

第二十四条　禁止使用高音喇叭或者其他产生环境噪声污染的方法从事商业经营活动。

在主城建成区内，禁止经营者将商场、门市、店、堂、摊点及影剧院等商业文化经营场所的音箱和喇叭置于街面播放。

第二十五条　禁止在主城建成区、各县（市）区政府所在地的医疗区、文教科研区、机关办公区、居民住宅区等噪声敏感建筑物集中区内使用高音喇叭。

第二十六条　居民家庭使用音响设施、各类乐器、饲养动物等产生噪声的，不得干扰他人正常生活。

已安装防盗报警设备的机动车，应当确保报警设备正常运转，报警器不得长时间鸣响，干扰他人正常生活。

第二十七条　在已竣工交付使用的居民住宅楼内，禁止在12时至14时、18时至次日8时使用电钻、电锯、电刨、冲击电钻等产生环境噪声污染的工具进行室内装修等作业。

第二十八条　违反本办法第八条、第九条第一款规定的，由环境保护行政主管部门责令改正，并处以500元以上3000元以下罚款。

第二十九条　违反本办法第十二条、第十四条规定的，由环境保护行政主管部门责令限期整改，并处以5000元以上3万元以下罚款。对于难以治理的，由环境保护行政主管部门报请县级以上人民政府批准，责令其停业、搬迁、关闭。

第三十条　违反本办法第十八条第一款、第十九条、第二十条规定的，由环境保护行政主管部门责令限期整改，并处以1万元以上3万元以下罚款。

第三十一条　违反本办法第二十一条规定不采取设置隔声屏障等有效措施的，由环境保护行政主管部门责令限期整改，逾期不改的，处以1万元以上3万元以下罚款。

第三十二条　违反本办法第二十三条第一款、第二款，第二十四条，第二十五条，第二十六条，第二十七条规定的，由公安部门处以警告；警告后不改正的，处以200元以上500元以下罚款。

第三十三条　违反本办法规定，在禁止区域擅自新建、扩建工业企业的，由规划、国土、环境保护、工商行政主管部门按照各自职责依法查处。

第三十四条　环境噪声污染监督管理人员利用职权，徇私舞弊，玩忽职守的，依法给予行政处分；构成犯罪的，依法追究刑事责任。

参 考 文 献

[1] 许迪，李丽珍，毕晓伊．基于 GIS 技术的五华区声功能区划．中国环境科学学会 2021 年科学技术年会——环境工程技术创新与应用分会场论文集（三），2021.

[2] 许迪，李丽珍，赵桂英，等．昆明市噪声污染防控体系研究．环境工程，2023，41（S2）：1296-1299＋806.

[3] 付莎．创新型社会生活噪声污染防治体系构建研究．中国环境管理，2022，14（04）：74-79.

[4] 李玉珍．城市噪声环境功能区划研究．资源节约与环保，2019（10）：36.

[5] 王盼，刘巍，丁峰，等．湖北省城市声环境功能区划技术研究：以潜江市为例．环境科学与技术，2020，43（S1）：225-228.

[6] 林云萍．基于 3S 技术的厦门市声环境功能区划．海峡科学，2011，54（6）：108-109.

[7] 魏新渝，汪婕，张爱玲．借鉴国际经验完善我国低频噪声管理体系的建议．环境保护，2022，50（21）：66-69.

[8] 高乐．四种方式举报生活中的噪声污染．西安日报，2023-09-02（003）．

[9] 生态环境部．中国噪声污染防治报告（2023）．环境保护，2023，51（18）：58-66.

[10] 张译文，段明杰，吕兆斌，等．城市噪声环境现状与噪声治理措施分析．皮革制作与环保科技，2024，5（10）：190-192.

[11] 雷英杰．生态环境部发布《中国噪声污染防治报告（2023）》我国声环境质量总体向好但局部噪声投诉举报居高．环境经济，2023（17）：32-35.

[12] 谢彩琴．城市噪声污染防治策略分析——以成都市为例．中国资源综合利用，2023，41（12）：170-173.

[13] 付玉婷．噪声投诉及处理．吉林年鉴，2022.

[14] 王玉婷，许晓婷，黄杰弘，等．噪声扬尘投诉双下降 久久为功守护宁静

夜．厦门日报，2023-09-30（A02）.

[15] 漆亮亮．优化环境保护税制　推进噪声精准治理．中国环境监察，2024（09）：62-63.

[16] 生态环境部，等．中国噪声污染防治报告（2024）．环境保护，2024，52（16）：53-67.

[17] 袁旻忞，谢辉，王彦琴，等．公路交通噪声排放控制可行性研究．环境影响评价，2023，45（04）：9-13＋18.

[18] 赵继平．治理噪声异味污染　不断提升人民群众获得感．群众，2023（13）：67-68.

[19] 王谊，何华凤，徐赞．城市轨道交通振动噪声治理技术研究综述．城市轨道交通研究，2023，26（06）：216-219＋224.

[20] 田静，蒋伟康，邵斌，等．"宁静中国"与噪声治理关键技术的若干重大问题．科学通报，2023，68（20）：2589-2593.

[21] 陆佩军．优化工地噪声治理的可行措施．黑龙江环境通报，2023，36（03）：111-113.

[22] 赵敏，许迪，李丽珍，等．基于声功能区划的噪声污染防治对策研究：以五华区为例．环境工程，2023，41（S2）：861-863.

[23] 倪广乐，郑强强，李馥星．ArcGIS 在奎屯市声环境功能区划中的应用．河南科技，2019，693（31）：156-158.

[24] 徐君，施晓烽．城市环境噪声自动监测系统技术研究．科技创新导报，2022（7）：78-80.

[25] 殷丽萍，王开德，王剑敏．基于生态环境治理预警系统的城市环境噪声污染监测技术的探讨．皮革制作与环保科技，2022，3（4）：74-76.

[26] 朱瑾陶．城市环境噪声污染与监测技术探讨．资源节约与环保，2022（4）：130-133.

[27] 晏敏锋，陈更新．环境噪声自动监测系统综述．中国环保产业，2022（6）：40-42.

[28] 张志凯，桑帅军，何珊，等．噪声智能监测关键技术及量值溯源的研究．中国科技成果，2023，24（5）：29-31.